面向"十二五"高职高专土木与建筑规划教材

砌 体 结 构

于建民 牛少儒 主 编

清华大学出版社
北 京

内 容 简 介

本教材全部按最新规范《砌体结构设计规范》(GB 50003—2011)、《建筑结构荷载规范》(GB 50009—2012)和《砌体结构工程施工质量验收规范》(GB 50203—2011)进行编写,并参与国家级"十二五"规划教材的评选。

本教材共 5 章,由项目引入着手对砌体结构材料选择及力学性能,砌体结构墙、柱设计,砌体结构构件承载力计算,砌体结构中的过梁、挑梁和雨篷以及引入项目的分析解答做了全面的介绍。

本教材的最大特点是以项目化教学模式来组织教学内容,通过项目引入、基本知识、案例分析、课程实训、仿真习题等方式,使学生能够充分理解混凝土与砌体结构的相关知识,并加强学生对专业知识和实际能力方面的培养。

本教材可作为高等职业学校和高等专科学校各相关专业的教材,也可作为相关工程技术人员的参考书。

图书在版编目(CIP)数据

砌体结构/于建民,牛少儒主编. --北京:清华大学出版社,2013
(面向"十二五"高职高专土木与建筑规划教材)
ISBN 978-7-302-32815-5

Ⅰ. ①砌… Ⅱ. ①于… ②牛… Ⅲ. ①砌体结构—高等职业教育—教材 Ⅳ. ①TU36

中国版本图书馆 CIP 数据核字(2013)第 136229 号

责任编辑:桑任松
封面设计:刘孝琼
责任校对:周剑云
责任印制:宋 林

出版发行:清华大学出版社
  网 址:http://www.tup.com.cn,http://www.wqbook.com
  地 址:北京清华大学学研大厦 A 座   邮 编:100084
  社 总 机:010-62770175   邮 购:010-62786544
  投稿与读者服务:010-62776969,c-service@tup.tsinghua.edu.cn
  质 量 反 馈:010-62772015,zhiliang@tup.tsinghua.edu.cn
  课 件 下 载:http://www.tup.com.cn,010-62791865
印 装 者:北京嘉实印刷有限公司
经 销:全国新华书店
开 本:185mm×260mm 印 张:11.5 字 数:275 千字
版 次:2013 年 8 月第 1 版   印 次:2013 年 8 月第 1 次印刷
印 数:1~3000
定 价:25.00 元

产品编号:053536-01

"钢筋混凝土结构"和"砌体结构"是高等学校土建类专业的主干课程之一，编者以现行的规范、标准为依据，采用全新的理念编写了本套教材。

《砌体结构》一书分为砌体结构材料选择及力学性能，砌体结构墙、柱设计，砌体结构构件承载力计算，砌体结构中的过梁、挑梁和雨篷以及引入项目的分析解答等内容。

本套教材的最大特点是以项目化教学模式来组织教学内容，通过项目引入、基本知识、案例分析、课程实训、仿真习题等方式，循序渐进地学习基本知识，提高职业技能，以达到胜任工作岗位的目的。本教材注重实践能力的整体培养，因此增设了很多仿真习题，通过教师课上讲解，学生课下可按仿真习题进一步学习，增强了专业知识和能力方面的交叉与衔接，更有助于学生对混凝土与砌体结构的理解与运用。

本教材由内蒙古建筑职业技术学院于建民(国家一级注册结构师)、牛少儒主编；第1、2章由内蒙古建筑职业技术学院于建民编写，第3～5章由内蒙古建筑职业技术学院牛少儒编写；本套教材由内蒙古建筑职业技术学院李永光担任主审。

限于编者水平，书中难免存在错漏之处，恳请读者批评指正。

编 者

第0章 绪 论

0.1 项 目 引 入

工程概况

设计某单位门诊楼，该门诊楼的建筑面积为 969m², 三层，底层平面图、二层平面图和 H 剖面图如图 0.1～图 0.3 所示。

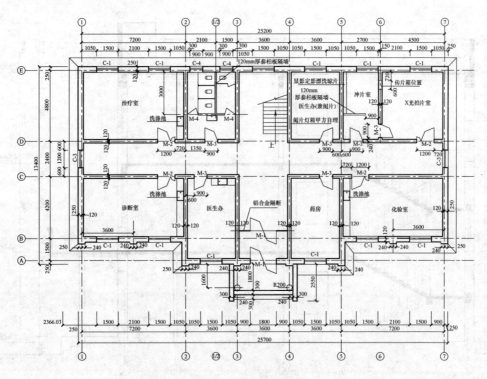

图 0.1 底层平面图

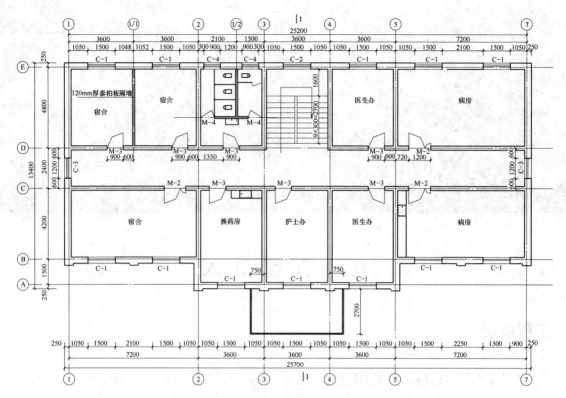

图 0.2　二层平面图

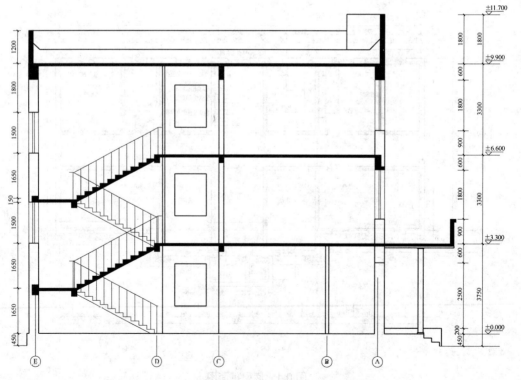

图 0.3　H 剖面图

0.2　计算基本条件

0.2.1　气候条件

该工程位于某市市郊，地区主导风向为西北风，基本风压为 $W_0 = 0.5\mathrm{kN/m^2}$；基本雪压为 $S_0 = 0.4\mathrm{kN/m^2}$。

0.2.2　抗震设防要求

本教材按不需抗震设防设计，砌体结构的抗震设计见《建筑抗震设计规范》。

0.2.3　其他条件

该工程所需的各种材料及预制构件均可保证供应，水电供应有保证，且有较强的施工技术力量及各种施工机械。

0.2.4　建筑做法及材料

1. 楼面

门厅、走廊、楼梯面层均采用水磨石，卫生间面层采用防滑地砖。其他房间面层均为水磨石，下设 50mm 厚陶粒混凝土垫层。

2. 墙面

内墙面采用 20mm 厚混合砂浆抹灰，涂 815 白色涂料两遍，踢脚 120mm 高；卫生间采用瓷砖贴面；外墙面采用 20mm 厚水泥砂浆外贴面砖；勒脚外贴防水面料。

3. 顶棚

除卫生间外均刮两遍腻子，涂 815 白色涂料两遍。

4. 门窗

内门为木质，外门为铝合金，窗为塑钢窗。

5. 屋面

自上而下：SBS 防水层两道，30mm 厚细石混凝土找平，200mm 厚水泥珍珠岩制品保温(上铺憎水珍珠岩砂浆找坡 2%)，刷乳化沥青一道，现浇钢筋混凝土板，刮两遍腻子，涂 815 白色涂料两遍。

6. 墙体

采用多孔砖砌筑。

0.3　设　计　依　据

《建筑结构可靠度设计统一标准》(GB 50068—2001)

《建筑结构荷载规范》(GB 50009—2012)

《砌体结构设计规范》(GB 50003—2011)

《混凝土结构设计规范》(GB 50010—2010)

《建筑结构抗震规范》(GB 50011—2010)

《建筑地基基础设计规范》(GB 50007—2011)

《砌体工程施工质量验收规范》(GB 50203—2011)

《混凝土结构工程施工质量验收规范》(GB 50204—2010)

0.4　任　务　分　解

设计砌体结构房屋可分解为如下几个过程。

(1) 首先进行结构选型和墙体位置，包括确定墙体材料、选择承重墙楼盖、确定结构承重体系等。

(2) 结构布置和构造要求，包括墙体布置、构造柱布置、圈梁布置等一般构造说明与设置。

(3) 确定房屋的静力计算方案进行荷载计算、内力分析。

(4) 结构计算，包括墙身高厚比验算、墙体承载力计算及局部受压验算。

(5) 软件计算，与手算结构进行分析比对。

第 1 章　砌体结构材料的选择及力学性能

【教学目标】

● 　了解砌体结构的材料。
● 　掌握各种材料的力学性能。

【技能要求】

能为砌体结构选取合适的材料。

【引导案例】

某住宅楼，位于某南方城市市区，层数为六层，标准层高为 2.7m，首层层高为 3.5m，总层高为 17m，总建筑面积为 6495m²，建筑平、立面图已完成。建筑类别为 2 类，抗震设防烈度为 8 度，该地区主导风向为西南风，基本风压为 $W_0 = 0.45 \text{kN/m}^2$，楼面做法、地面做法、墙面做法、屋面做法均已确定，对其进行结构设计。

在该案例中，平面布置中开间、进深均较小，层高也较小，总高度为 17m，综合考虑其承载能力和经济效益可选定采用砌体结构，但具体采用什么样的砌体类型，需要对砌体的类型、力学性能等进行了解，结合当地具体情况再行确定。

本章将介绍确定墙体材料的相关内容。

1.1 砌体结构材料的选择

1.1.1 砌体的种类

砌体是由不同尺寸和形状的起骨架作用的块体材料和起胶结作用的砂浆按一定的砌筑方式砌筑而成的整体，常用做一般工业与民用建筑物受力构件中的墙、柱、基础，多高层建筑物的外围护墙体和内部分隔填充墙体，以及挡土墙、水池、烟囱等。根据砌体的受力性能分为无筋砌体结构、约束砌体结构和配筋砌体结构。

1. 无筋砌体结构

常用的无筋砌体结构有砖砌体、砌块砌体和石砌体结构。

1) 砖砌体结构

由砖和砂浆砌筑而成的整体材料称为砖砌体。砖砌体包括烧结普通砖砌体、烧结多孔砖砌体、蒸压粉煤灰普通砖砌体、蒸压硅酸盐砖砌体、混凝土普通砖砌体和混凝土多孔砖砌体。在房屋建筑中，砖砌体常用作一般单层和多层工业与民用建筑的内外墙、柱、基础等承重结构以及多高层建筑的围护墙与隔墙等自承重结构等。实心砖砌体墙常用的砌筑方法有一顺一丁(砖长边与墙长度方向平行的则为顺砖，砖短边与墙长度方向平行的则为丁砖)、三顺一丁或梅花丁，如图 1.1 所示。

　　试验表明，采用同强度等级的材料，按照上述几种方法砌筑的砌体，其抗压强度相差不大。但应注意上下两皮顶砖间的顺砖数量愈多，则意味着宽为 240mm 的两片半砖墙之间的联系愈弱，很容易产生"两片皮"的效果而急剧降低砌体的承载能力。

　　我国烧结普通砖的规格尺寸为 240mm×115mm×53mm，所以标准砌筑的实心墙体厚度常为 240mm(一砖)、370mm(一砖半)、490mm(两砖)、620mm(两砖半)、740mm(三砖)等。

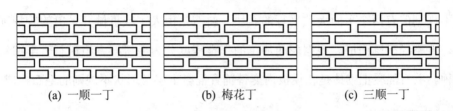

| (a) 一顺一丁 | (b) 梅花丁 | (c) 三顺一丁 |

图 1.1　实心砖砌体的砌筑方法

　　砖砌体结构的使用面很广。根据现阶段我国墙体材料革新的要求，实行限时限地禁止使用实心黏土砖，除此之外的砖均属新型砌体材料，但应认识到烧结黏土多孔砖是砌体材料革新的一个过渡产品，其生产和使用亦将逐步受到限制。

　　2)　砌块砌体结构

　　由砌块和砂浆砌筑而成的整体材料称为砌块砌体。目前国内外常用的砌块砌体以混凝土空心砌块砌体为主，其中包括以普通混凝土为块体材料的普通混凝土空心砌块砌体和以轻骨料混凝土为块体材料的轻骨料混凝土空心砌块砌体。砌块砌体是替代实心黏土砖砌体的主要承重砌体材料。

　　砌块按尺寸大小的不同分为小型、中型和大型三种。小型砌块尺寸较小，型号多，尺寸灵活，施工时可不借助吊装设备而用手工砌筑，适用面广，但劳动量大。中型砌块尺寸较大，适于机械化施工，便于提高劳动生产率，但其型号少，使用不够灵活。大型砌块尺寸大，有利于工业化生产、机械化施工，可大幅提高劳动生产率，加快施工进度，但需要有相当的生产设备和施工能力。砌块砌体主要用于住宅、办公楼及学校等建筑以及一般工业建筑的承重墙或围护墙。砌块大小的选用主要取决于房屋墙体的分块情况及吊装能力。砌块的排列设计是砌块砌体砌筑施工前的一项重要工作，设计时应充分利用其规律性，尽量减少砌块类型，使其排列整齐，避免通缝，并砌筑牢固，以取得较好的经济技术效果。

3) 石砌体结构

由天然石材和砂浆(或混凝土)砌筑而成的整体材料称为石砌体。根据石材的规格和砌体的施工方法的不同分为料石砌体、毛石砌体和毛石混凝土砌体。用作石砌体块材的石材分为毛石和料石两种。毛石又称片石,是采石场由爆破直接获得的形状不规则的石块。根据平整程度又将其分为乱毛石和平毛石两类,其中乱毛石指形状完全不规则的石块,平毛石指形状不规则但有两个平面大致平行的石块。料石是由人工或机械开采出的较规则的六面体石块,再略经凿琢而成。根据表面加工的平整程度分为毛料石、粗料石、半细料石和细料石四种。毛石混凝土砌体是在模板内交替铺置混凝土层及形状不规则的毛石构成的。

2. 约束砌体结构

通过竖向和水平钢筋混凝土构件约束砌体的结构,称为约束砌体结构。最为典型的是在我国广为应用的钢筋混凝土构造柱——圈梁形成的砌体结构体系。它在抵抗水平作用时可以使墙体的极限水平位移增大,从而提高墙的延性,使墙体裂而不倒。其受力性能介于无筋砌体结构和配筋砌体结构之间,或者相对于配筋砌体结构而言,是配筋较弱的一种配筋砌体结构。如果按照提高墙体的抗压强度或抗剪强度要求设置加密的钢筋混凝土构造柱,则属配筋砌体结构,这是近年来我国对构造柱作用的一种新发展。

3. 配筋砌体结构

配筋砌体结构是由配置钢筋的砌体作为主要受力构件的结构,即通过配筋使钢筋在受力过程中强度达到流限的砌体结构。这种结构可以提高砌体强度、减少其截面尺寸、增加砌体结构(或构件)的整体性。配筋砌体可分为配筋砖砌体和配筋砌块砌体。其中配筋砖砌体又可分为网状配筋砖砌体、组合砖砌体;配筋砌块砌体又可分为均匀配筋砌块砌体、集中配筋砌块砌体以及均匀—集中配筋砌块砌体。

1) 网状配筋砖砌体

网状配筋砖砌体又称为横向配筋砖砌体,是在砖柱或砖墙中每隔几皮砖的水平灰缝中设置直径为3～4mm的方格网式钢筋网片(见图1.2(a)),或直径为6～8mm的连弯式钢筋网片砌筑而成的砌体结构。在砌体受压时,网状配筋可约束和限制砌体的横向变形以及竖向裂缝的开展和延伸,从而提高砌体的抗压强度。网状配筋砖砌体可用作承受较大轴心压力或偏心距较小的较大偏心压力的墙、柱。

2）　组合砖砌体

组合砖砌体是由砖砌体和钢筋混凝土面层或钢筋砂浆面层构成的整体材料。工程应用上有两种形式，一种是采用钢筋混凝土或钢筋砂浆作面层的砌体，这种砌体可以用作承受偏心距较大的偏心压力的墙、柱，如图 1.2(b)所示；另一种是在砖砌体的转角、交接处以及每隔一定距离设置钢筋混凝土构造柱，并在各层楼盖处设置钢筋混凝土圈梁，使砖砌体墙与钢筋混凝土构造柱、圈梁组成一个共同受力的整体结构，如图 1.2(c)所示。组合砖砌体建造的多层砖混结构房屋的抗震性能较无筋砌体砖混结构房屋的抗震性能有显著改善，同时它的抗压和抗剪强度亦有一定程度的提高。

3）　配筋混凝土砌块砌体

配筋混凝土砌块砌体是在混凝土小型空心砌块砌体的水平灰缝中配置水平钢筋，在孔洞中配置竖向钢筋并用混凝土灌实的一种配筋砌体，如图 1.2(d)所示。其中，集中配筋砌块砌体是仅在砌块墙体的转角、接头部位及较大洞口的边缘砌块孔洞中设置竖向钢筋，并在这些部位砌体的水平灰缝中设置一定数量的钢筋网片，主要用于中、低层建筑；均匀配筋砌块砌体是在砌块墙体上下贯通的竖向孔洞中插入竖向钢筋，并用灌孔混凝土灌实，使竖向和水平钢筋与砌体形成一个共同工作的整体，故又称配筋砌块剪力墙，可用于大开间建筑和中高层建筑。均匀—集中配筋砌块砌体在配筋方式和建造的建筑物方面均处于上述两种配筋砌块砌体之间。配筋砌体不仅加强了砌体的各种强度和抗震性能，还扩大了砌体结构的使用范围，比如高强混凝土砌块通过配筋与浇筑灌孔混凝土，作为承重墙体可砌筑 10～20 层的建筑物，而且相对于钢筋混凝土结构具有不需要支模、不需再作贴面处理及耐火性能更好等优点。

4. 国外配筋砌体

国外配筋砌体类型较多，大致可概括为两类，一类是在空心砖或空心砌块的水平灰缝或凹槽内设置水平直钢筋或桁架状钢筋，在孔洞内设置竖向钢筋，并灌筑混凝土；另一类是在内外两片砌体的中间空腔内设置竖向和横向钢筋，并灌筑混凝土，其配筋形式如图 1.2(e)所示。

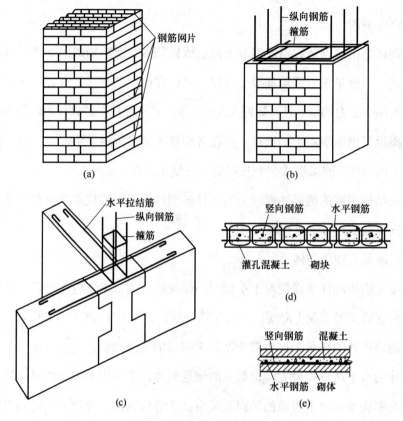

图 1.2　配筋砌体截面

1.1.2　砌体材料的种类及强度

构成砌体的材料包括块体材料和胶结材料,块体材料和胶结材料(砂浆)的强度等级主要是根据其抗压强度划分的,亦是确定砌体在各种受力状态下强度的基础数据。块体强度等级以符号"MU"(Masonry Unit)表示,其后数字表示块体的抗压强度值,单位为 MPa。砂浆强度等级以符号"M"(Mortar)表示。对于混凝土小型空心砌块砌体,砌筑砂浆的强度等级以符号"Mb"表示,灌孔混凝土的强度等级以符号"Cb"表示,其中符号 b 意指 block。

1. 砖

烧结普通砖、烧结多孔砖、非烧结硅酸盐砖和混凝土砖,通常可简称为砖。

1) 烧结砖

烧结普通砖与烧结多孔砖统称烧结砖,一般是由黏土、页岩、煤矸石或粉煤灰等为主要原料,压制成土坯后经烧制而成。烧结砖按其主要原料种类的不同又可分为烧结黏土砖、烧结页岩砖、烧结煤矸石砖及烧结粉煤灰砖等。

　　烧结普通砖包括实心砖或孔洞率不大于 15%且外形尺寸符合规定的砖，其规格尺寸为 240mm×115mm×53mm，如图 1.3(a)所示。烧结普通砖的重力密度在 $16\sim18\ kN/m^3$ 之间，具有较高的强度，良好的耐久性和保温隔热性能，且生产工艺简单，砌筑方便，故生产应用最为普遍，但因为占用和毁坏农田，在一些大中城市现已逐渐被禁止使用。

　　烧结多孔砖是指孔洞率不小于 25% ，孔的尺寸小而数量多，多用于承重部位的砖。多孔砖分为 P 型砖和 M 型砖，P 型砖的规格尺寸为 240mm×115mm×90mm，如图 1.3(b)所示。M 型砖的规格尺寸为 190mm×190mm×90mm，如图 1.3(c)所示，以及相应的配砖。此外，用黏土、页岩、煤矸石等原料还可经焙烧成孔洞较大、孔洞率大于 35%的烧结空心砖，如图 1.3(d)所示，多用于砌筑围护结构。一般烧结多孔砖的重力密度在 $11\sim14\ kN/m^3$ 之间，而大孔空心砖的重力密度则在 $9\sim11kN/m^3$ 之间。多孔砖与实心砖相比，可以减轻结构自重、节省砌筑砂浆、减少砌筑工时，此外其原料用量与耗能亦可相应减少。

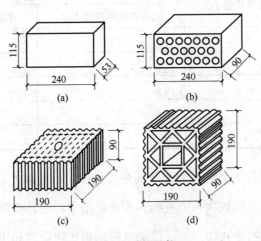

图 1.3　砖的规格

2)　非烧结砖

非烧结砖包括蒸压灰砂砖和蒸压粉煤灰砖。蒸压灰砂砖是以石灰和砂为主要原料，经坯料制备、压制成型、蒸压养护而成的实心砖，简称灰砂砖。蒸压粉煤灰砖是以粉煤灰、为主要原料，掺加适量石膏、石灰和集料，经坯料制备、压制成型、高压蒸汽养护而成的实心砖，简称粉煤灰砖。蒸压灰砂砖与蒸压粉煤灰砖的规格尺寸与烧结普通砖相同。

3) 混凝土砖

混凝土砖分为混凝土普通砖和混凝土多孔砖。混凝土砖是以水泥为胶结材料,以砂、石等为主要集料,加水搅拌、成型、养护制成的一种多孔的混凝土半盲孔砖或实心砖。多孔砖的主规格尺寸为 240mm×115mm×90mm、240mm×190mm×90mm、190mm×190mm×90mm 等;实心砖的主规格尺寸为 240mm×115mm×53mm、240mm×115mm×90mm 等。

4) 砖的强度等级

烧结普通砖、烧结多孔砖等的强度等级:MU30、MU25、MU20、MU15 和 MU10;蒸压灰砂砖、蒸压粉煤灰砖的强度等级:MU25、MU20 和 MU15;混凝土普通砖、混凝土多孔砖的强度等级 MU30、MU25、MU20 和 MU15。烧结普通砖、烧结多孔砖的强度等级指标分别见表 1.1 和表 1.2。

表 1.1　烧结普通砖强度等级指标

强度等级	抗压强度平均值 $\bar{f}$ ⩾	变异系数 $\delta \leqslant 0.21$	
		抗压强度标准值 f_k ⩾	单块最小抗压强度值 f_{min} ⩾
MU30	30.0	22.0	25.0
MU25	25.0	18.0	22.0
MU20	20.0	14.0	16.0
MU15	15.0	10.0	12.0
MU10	10.0	6.5	7.5

仅用含孔洞块材的抗压强度作为衡量其强度指标是不全面的,多孔砖或空心砖(砌块)孔型、孔的布置不合理将导致块体的抗折强度降低很多,而且会降低墙体的延性,使墙体容易开裂。对用于承重的多孔砖及蒸压硅酸盐砖的折压比限值和用于承重的非烧结材料多孔砖的孔洞率、壁及肋尺寸限值及碳化、软化性能要求应符合现行国家标准《墙体材料应用统一技术规范》(GB 50574)的有关规定。

表 1.2　烧结多孔砖强度等级指标

强度等级	抗压强度(MPa)		抗折荷重(kN)	
	平均值不小于	单块最小值不小于	平均值不小于	单块最小值不小于
MU30	30.0	22.0	13.5	9.0
MU25	25.0	18.0	11.5	7.5
MU20	20.0	14.0	9.5	6.0

续表

强度等级	抗压强度(MPa)		抗折荷重(kN)	
	平均值不小于	单块最小值不小于	平均值不小于	单块最小值不小于
MU15	15.0	10.0	7.5	4.5
MU10	10.0	6.5	5.5	3.0

2．砌块

砌块一般指混凝土空心砌块、加气混凝土砌块及硅酸盐实心砌块。此外还有用黏土、煤矸石等为原料，经焙烧而制成的烧结空心砌块，如图 1.4 所示。

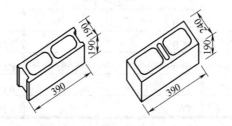

图 1.4　砌块材料

砌块按尺寸大小可分为小型、中型和大型三种，我国通常把砌块高度为 115～380mm 的称为小型砌块，高度为 380～980mm 的称为中型砌块，高度大于 980mm 的称为大型砌块。

1)　混凝土小型空心砌块

我国目前在承重墙体材料中使用最为普遍的是混凝土小型空心砌块，它是由普通混凝土或轻集料混凝土制成的，主要规格尺寸为 390mm×190mm×190mm，空心率一般在 25%～50%之间，一般简称为混凝土砌块或砌块。混凝土空心砌块的重力密度一般在 12～18kN/m³ 之间，而加气混凝土砌块及板材的重力密度在 10kN/m³ 以下，可用作隔墙。采用较大尺寸的砌块代替小块砖砌筑砌体，可减轻劳动量并可加快施工进度，是墙体材料改革的一个重要方向。

2)　实心砌块

实心砌块以粉煤灰硅酸盐砌块为主，其加工工艺与蒸压粉煤灰砖类似，其重力密度一般在 15～20kN/m³ 之间，主要规格尺寸有 880mm×190mm×380mm 和 580mm×190mm×380mm 等。加气混凝土砌块由加气混凝土和泡沫混凝土制成，其重力密度一般在 4～6kN/m³ 之间。由于自重轻，加工方便，故可按使用要求制成各种尺寸，且可在工地进行切锯，因此广泛应用于工业与民用建筑的围护结构。

3）砌块的强度

混凝土空心砌块的强度等级是根据标准试验方法，按毛截面面积计算的极限抗压强度值来划分的。混凝土小型空心砌块的强度等级为 MU20、MU15、MU10、MU7.5、MU5，其强度等级指标见表 1.3。轻集料混凝土小型空心砌块的强度等级为 MU10、 MU7.5、MU5和 MU3.5，其强度等级指标见表 1.4。非承重砌块的强度等级为 MU3.5。

表 1.3　混凝土小型空心砌块强度指标

强度等级	砌块抗压强度(MPa)	
	平均值不小于	单块最小值不小于
MU20	20.0	16.0
MU15	15.0	12.0
MU10	10.0	8.0
MU7.5	7.5	6.0
MU5	5.0	4.0

表 1.4　轻集料混凝土小型空心砌块强度指标

强度等级	砌块抗压强度(MPa)		密度等级范围 (kg/m³)
	平均值不小于	单块最小值不小于	
MU10	10.0	8.0	≤1400
MU7.5	7.5	6.0	
MU5	5.0	4.0	≤1200
MU3.5	3.5	2.8	

为了保证承重类多孔砌块的结构性能，用于承重的双排孔或多排孔轻集料混凝土砌块砌体的孔洞率不应大于 35%。

3．石材

用作承重砌体的石材主要来源于重质岩石和轻质岩石。重质岩石的抗压强度高，耐久，但导热系数大。轻质岩石的抗压强度低，耐久性差，但易开采和加工，导热系数小。石砌体中的石材，应选用无明显风化的石材。

石材按其加工后的外形规则程度，分为料石和毛石。料石中又分有细料石、半细料石、粗料石和毛料石。毛石的形状不规则，但要求毛石的中部厚度不小于 200mm。

因石材的大小和规格不一，通常由边长为 70mm 的立方体试块进行抗压试验，取 3 个试块破坏强度的平均值作为确定石材强度等级的依据。石材的强度等级划分为 MU100、MU80、MU60、MU50、MU40、MU30 和 MU20。试件也可采用表 1.5 所列边长尺寸的立方体，但考虑尺寸效应的影响，应将破坏强度的平均值乘以表内相应的换算系数，以此确定石材的强度等级。

表 1.5　石材强度等级的换算系数

立方体边长(mm)	200	150	100	70	50
换算系数	1.43	1.28	1.14	1	0.86

4．砌筑砂浆

将砖、石、砌块等块体材料黏结成砌体的砂浆即砌筑砂浆，它由胶结料、细集料和水配制而成，为改善其性能，常在其中添加掺入料和外加剂。砂浆的作用是将砌体中的单个块体连成整体，并抹平块体表面，从而促使其表面均匀受力，同时填满块体间的缝隙，减少砌体的透气性，提高砌体的保温性能、防水性能和抗冻性能。

1)　普通砂浆

砂浆按胶结料成分的不同可分为水泥砂浆、水泥混合砂浆以及不含水泥的石灰砂浆、黏土砂浆和石膏砂浆等。水泥砂浆是由水泥、砂和水按一定配合比拌制而成的，水泥混合砂浆是在水泥砂浆中加入一定量的熟化石灰膏拌制成的砂浆，而石灰砂浆、黏土砂浆和石膏砂浆分别是用石灰、黏土和石膏与砂和水按一定配合比拌制而成的砂浆。工程上常用的砂浆为水泥砂浆和水泥混合砂浆，临时性砌体结构砌筑时多采用石灰砂浆。

砂浆的强度等级是根据其试块的抗压强度确定的，由边长为 70.7mm 的立方体标准试块，在温度为(20±2)℃环境下硬化，水泥砂浆在湿度 95%以上，水泥石灰砂浆在湿度为60%～80%环境下，龄期 28d(石膏砂浆为 7d)的抗压强度来确定。砌筑砂浆的强度等级为M15、M10、M7.5、M5 和 M2.5。工程上由于块体的种类较多，确定砂浆强度等级时应采用同类块体作为砂浆试块底模。如蒸压灰砂砖砌体和蒸压粉煤灰砖砌体的抗压强度指标系采用同类砖作为砂浆试块底模时所得砂浆强度而确定的。当采用黏土砖作底模时，其砂浆强度会提高，但实际上砌体的抗压强度约低 10%左右。对于多孔砖砌体，应采用同类多孔砖的侧面作为砂浆强度试块底模。

砌体结构施工中很容易出现砂浆强度低于设计强度等级的现象，它所带来的后果有的十分严重，应予以高度重视。其中砂浆材料配合比不准确、使用过期水泥等，是砂浆达不到设计强度等级和砂浆强度离散性大的主要原因。此外还应注意，脱水硬化的石灰膏非但起不到塑化作用，还会影响砂浆强度，消石灰粉是未经熟化的石灰，颗粒太粗，起不到改善和易性的作用，均应禁止在砂浆中使用。砂浆的强度等级、保水性、可塑性是砂浆性能的几个重要指标，在砌体工程的设计和施工中一定要保证砂浆的这几个性能指标要求，将其控制在合理的范围。

2) 蒸压灰砂普通砖和蒸压粉煤灰普通砖砌体专用砌筑砂浆

蒸压灰砂普通砖、蒸压粉煤灰普通砖等蒸压硅酸盐砖是半干压法生产的，制砖钢模十分光亮，在高压成型时会使砖的质地密实、表面光滑，吸水率也较小，这种光滑的表面影响了砖与砖的砌筑与黏结，使墙体的抗剪强度较烧结普通砖低 1/3，从而影响了这类砖的推广和应用。因此在使用此类砖时，应采用工作性好、黏结力高、耐候性强且方便施工的专用砌筑砂浆。这种砂浆由水泥、砂、水以及根据需要掺入的掺和料和外加剂等组分，按一定比例，采用机械拌和制成，专门用于砌筑蒸压灰砂砖或蒸压粉煤灰砖砌体，且砌体抗剪强度应不低于烧结普通砖砌体的取值的砂浆。其强度等级为 Ms15 、Ms10、Ms7.5 和 Ms5.0四级。

3) 混凝土小型空心砌块砌筑砂浆

对于混凝土小型空心砌块砌体，应采用由胶结料、细集料、水及根据需要掺入的掺和料及外加剂等成分，按照一定比例，采用机械搅拌的专门用于砌筑混凝土砌块的砌筑砂浆。其掺合料主要采用粉煤灰，外加剂包括减水剂、早强剂、促凝剂、缓凝剂、防冻剂、颜料等。与使用传统的砌筑砂浆相比，专用砂浆可使砌体灰缝饱满、黏结性能好，减少墙体开裂和渗漏，提高砌块建筑质量。这种砂浆的强度划分为 Mb30、Mb25、Mb20、Mb15、Mb10、Mb7.5 和 Mb5 七个等级，其抗压强度指标相应于 M30、M25、M20、M15、M10、M7.5 和 M5 等级的一般砌筑砂浆的抗压强度指标。通常 Mb5～Mb20 采用 32.5 级普通水泥或矿渣水泥，Mb25 和 Mb30 则采用 42.5 级普通水泥或矿渣水泥。砂浆的稠度为 50～80mm，分层度为 10～30mm。

4)   混凝土小型空心砌块灌孔混凝土

混凝土小型空心砌块灌孔混凝土是砌块建筑灌注芯柱、孔洞的专用混凝土，即由水泥、集料、水以及根据需要掺入的掺和料和外加剂等组分，按一定比例，采用机械搅拌后，用于浇筑混凝土小型空心砌块砌体芯柱或其他需要填实空洞部位的混凝土。其掺和料主要采用粉煤灰。外加剂包括减水剂、早强剂、促凝剂、缓凝剂、膨胀剂等。它是一种高流动性和低收缩的细石混凝土，是保证砌块建筑整体工作性能、抗震性能、承受局部荷载的重要施工配套材料，混凝土小型空心砌块灌孔混凝土的强度划分为 Cb40、Cb35、Cb30、Cb25和 Cb20 五个等级，相应于 C40、C35、C30、C25 和 C20 混凝土的抗压强度指标。这种混凝土的拌和物应均匀、颜色一致，且不离析、不泌水，其坍落度不宜小于180mm。

1.1.3   砌体材料的选择

砌体结构所用材料，应因地制宜、就地取材，并确保砌体在长期使用过程中具有足够的承载力和符合要求的耐久性，还应满足建筑物整体或局部部位所处于不同环境条件下正常使用时建筑物对其材料的特殊要求。除此之外，还应贯彻执行国家墙体材料革新政策，研制使用新型墙体材料来代替传统的墙体材料，以满足建筑结构设计的经济、合理、技术先进的要求。

对于具体的设计，砌体材料的选择应遵循如下原则。

(1)   处于环境类别 3～5 等有侵蚀性介质的砌体材料应符合下列规定。

①   不应采用蒸压灰砂普通砖、蒸压粉煤灰普通砖。

②   应采用实心砖，砖的强度等级不应低于 MU20，水泥砂浆的强度等级不应低于 M10；

③   混凝土砌块的强度等级不应低于 MU15，灌孔混凝土的强度等级不应低于 Cb30，砂浆的强度等级不应低于 Mb10；

④   应根据环境条件对砌体材料的抗冻指标，耐酸、碱性能提出要求，或符合有关规范的规定。

(2)   对于地面以下或防潮层以下的砌体、潮湿房间的墙或环境类别 2 的砌体所用材料，应提出最低强度要求，对于所用材料的最低强度等级要求见表 1.6。

表 1.6   地面以下或防潮层以下的砌体、潮湿房间墙体所用材料的最低强度等级

基土的潮湿程度	烧结普通砖	混凝土普通转、蒸压灰砂砖	混凝土砌块	石 材	水泥砂浆
稍湿的	MU15	MU20	MU7.5	MU30	M5
很湿的	MU20	MU20	MU10	MU30	M7.5
含水饱和的	MU20	MU25	MU15	MU40	M10

注：1. 在冻胀地区，地面以下或防潮层以下的砌体，不宜采用多孔砖，如采用时，其孔洞应用不低于 M10 的水泥砂浆预先灌实；当采用混凝土砌块时，其孔洞应采用强度等级不低于 Cb20 的混凝土预先灌实。

2. 对于安全等级为一级或设计使用年限大于 50 年的房屋，墙、柱所用材料的最低强度等级，还应比上述规定至少提高一级。

(3) 对于长期受热 200℃以上、受急冷急热或有酸性介质侵蚀的建筑部位，规范规定不得采用蒸压灰砂砖和粉煤灰砖，MU15 和 MU15 以上的蒸压灰砂砖可用于基础及其他建筑部位，蒸压粉煤灰砖用于基础或用于受冻融和干湿交替作用的建筑部位必须使用一等砖。

课程实训

1. 在砌体结构中，块体和砂浆的作用是什么？砌体对所用块体和砂浆各有何基本要求？

2. 砌体的种类有哪些？各类砌体应用前景如何？

3. 选择砌体结构所用材料时，应注意哪些事项？

1.2   砌体结构的力学性能

1.2.1   砌体的受压性能

1. 砌体的受压破坏特征

1) 普通砖砌体的受压破坏特征

砖砌体轴心受压时，按照裂缝的出现、发展和破坏特点，可划分为三个受力阶段，如图 1.5 所示。

第一阶段，从砌体受压开始，当压力增大至 50%～70%的破坏荷载时，砌体内出现第一条(批)裂缝。在此阶段，单块砖内产生细小裂缝，且多数情况下裂缝约有数条，如果不再增

加压力，单块砖内的裂缝也不继续发展，砌体处于弹性受力阶段，如图 1.5(a)所示。

第二阶段，随着荷载的增加，砌体内裂缝增多，当压力增大至 80%～90%的破坏荷载时，单个块体内的裂缝将不断发展，裂缝沿着竖向灰缝通过若干皮砖或砌块，并逐渐在砌体内连接成一段段较连续的裂缝。其特点在于砌体进入弹塑性受力阶段，此时荷载即使不再增加，砌体压缩变形增长快，砌体内裂缝仍会继续发展，砌体已临近破坏，在工程实践中可视为处于十分危险状态，如图 1.5(b)所示。砌体结构在使用中若出现这种状态，应立即采取措施或进行加固处理。

第三阶段，随着荷载的继续增加，砌体中的裂缝迅速延伸、宽度扩展，连续的竖向贯通裂缝把砌体分割形成小柱体，个别砖块可能被压碎或小柱体失稳，从而导致整个砌体的破坏，如图 1.5(c)所示。以砌体破坏时的压力除以砌体截面面积所得的应力值称为该砌体的极限抗压强度。

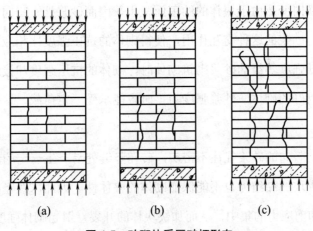

(a)　　　　　　(b)　　　　　　(c)

图 1.5　砖砌体受压破坏形态

砌体是由块体与砂浆黏结而成的，砌体在压力作用下，其强度将取决于砌体中块体和砂浆的受力状态，这与单一匀质材料的受压强度是不同的。在做砌体试验时，测得的砌体强度远低于块体的抗压强度，这是因砌体中单个块体所处复杂应力状态所造成的，而复杂应力状态是砌体自身性质决定的。

首先，由于砌体内灰缝的厚薄不一，砂浆难以饱满、均匀密实，砖的表面又不完全平整和规则，砌体受压时，砖并非如想象的那样均匀受压，而是处于受拉、受弯和受剪的复杂应力状态，如图 1.6 所示。由于砌体中的块体的抗弯和抗剪的能力一般都较差，故砌体内第一批裂缝出现在单个块体材料内，这是因单个块体材料受弯、受剪所引起的。

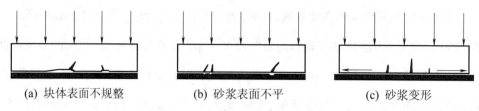

(a) 块体表面不规整　　　　(b) 砂浆表面不平　　　　(c) 砂浆变形

图 1.6　砖砌体中单个块体的受压状态

其次，砖和砂浆这两种材料的弹性模量和横向变形的不相等，亦增大了上述复杂应力。砂浆的横向变形一般大于砖的横向变形，砌体受压后，它们相互约束，使砖内产生拉应力。砌体内的砖又可视为弹性地基(水平缝砂浆)上的梁，砂浆(基底)的弹性模量愈小，砖的变形愈大，但由于砌体中砂浆的硬化黏结，块体材料和砂浆间存在切向黏结力，在此黏结力作用下，块体将约束砂浆的横向变形，而砂浆则有使块体横向变形增加的趋势，由此在块体内产生拉应力，故而单个块体在砌体中处于压、弯、剪及拉的复合应力状态，其抗压强度降低；相反砂浆的横向变形由于块体的约束而减小，因而砂浆处于三向受压状态，抗压强度提高。由于块体与砂浆的这种交互作用，使得砌体的抗压强度比相应块体材料的强度要低很多，而当用较低强度等级的砂浆砌筑砌体时，砌体的抗压强度却接近或超过砂浆本身的强度，甚至刚砌筑好的砌体，砂浆强度为零时也能承受一定荷载，这即与砌块和砂浆的交互作用有关。

此外，砌体内的竖向的砂浆往往不密实，砖在竖缝处易产生一定的应力集中，同时竖向灰缝内的砂浆和砌块的黏结力也不能保证砌体的整体性。因此，在竖向灰缝上的单个块体内将产生拉应力和剪应力的集中，从而加快块体的开裂，引起砌体强度的降低。

上述种种原因均导致砌体内的砖受到较大的弯曲、剪切和拉应力的共同作用。由于砖是一种脆性材料，它的抗弯、抗剪和抗拉强度很低。因而砌体受压时，首先是单块砖在复杂应力作用下开裂，破坏时砌体内砖的抗压强度得不到充分发挥。这是砌体受压性能不同于其他建筑材料受压性能的一个基本特点。

2)　多孔砖砌体的受压破坏特征

多孔砖砌体轴心受压时，也划分为三个受力阶段，但砌体内产生第一批裂缝时的压力较上述普通砖砌体产生第一批裂缝时的压力高，约为破坏压力的 70%。在砌体受力的第二阶段，出现裂缝的数量不多，但裂缝竖向贯通的速度快，且临近破坏时砖的表面普遍出现较大面积的剥落。多孔砖砌体轴心受压时，自第二至第三个受力阶段所经历的时间亦较短。

上述现象是由于多孔砖的高度比普通砖的高度大，且存在较薄的孔壁，致使多孔砖砌体较普通砖砌体具有更为显著的脆性破坏特征。

3)　混凝土小型砌块砌体的受压破坏特征

混凝土小型空心砌块砌体轴心受压时，按照裂缝的出现、发展和破坏特点，也如普通砖砌体那样，划分为三个受力阶段。但对于空心砌块砌体，由于孔洞率大、砌块各壁较薄，对于灌孔的砌块砌体，还涉及块体与芯柱的共同作用，使其砌体的破坏特征较普通砖砌体的破坏特征有所区别，主要表现在以下几方面。

(1)　在受力的第一阶段，砌体内往往只产生一条裂缝，且裂缝较细。由于砌块的高度较普通砖的高度大，第一条裂缝通常在一块砌块的高度内贯通。

(2)　对于空心砌块砌体，第一条竖向裂缝常在砌体宽面上沿砌块孔边产生，即砌块孔洞角部肋厚度减小处产生裂缝①，随着压力的增加，沿砌块孔边或沿砂浆竖缝产生裂缝②，并在砌体窄面(侧面)上产生裂缝③，裂缝③大多位于砌块孔洞中部，也有的发生在孔边，最终往往因裂缝③骤然加宽而破坏，如图 1.7 所示。砌块砌体破坏时裂缝数量较普通砖砌体破坏时的裂缝数量要少得多。

图 1.7　混凝土空心砌块砌体轴心受压破坏

(3)　对于灌孔砌块砌体，随着压力的增加，砌块周边的肋对混凝土芯体有一定的横向约束。这种约束作用与砌块和芯体混凝土的强度有关，当砌块抗压强度远低于芯体混凝土的抗压强度时，第一条竖向裂缝常在砌块孔洞中部的肋上产生，随后各肋均有裂缝出现，砌块先于芯体开裂。当砌块抗压强度与芯体混凝土抗压强度接近时，砌块与芯体均产生竖向裂缝，表明砌块与芯体共同工作较好。随着芯体混凝土横向变形的增大，砌块孔洞中部肋上的竖向裂缝加宽，砌块的肋向外崩出，导致砌体完全破坏，破坏时芯体温凝土有多条明显的纵向裂缝。

4) 毛石砌体

毛石砌体受压时，由于毛石和灰缝形状不规则，砌体的匀质性较差，砌体的复杂应力状态更为不利，产生第一批裂缝时的压力与破坏压力的比值，相对于普通砖砌体的比值更小，且毛石砌体内产生的裂缝不如普通砖砌体那样分布规律。

2. 影响砌体抗压强度的因素

砌体是一种复合材料，其抗压性能不仅与块体和砂浆材料的物理、力学性能有关，还受施工质量以及试验方法等多种因素的影响。通过对各种砌体在轴心受压时的受力分析及试验结果表明，影响砌体抗压强度的主要因素有以下几个方面。

1) 砌体材料的物理、力学性能

(1) 块体与砂浆的强度。

块体与砂浆的强度等级是确定砌体强度最主要的因素。一般来说，砌体强度将随块体和砂浆强度的提高而增高，且单个块体的抗压强度在某种程度上决定了砌体的抗压强度，块体抗压强度高时，砌体的抗压强度也较高，但砌体的抗压强度并不会随块体和砂浆强度等级的提高同比例增高。此外，砌体的破坏主要由于单个块体受弯剪应力作用引起，故对单个块体材料除了要求要有一定的抗压强度外，还必须有一定的抗弯或抗折强度。对于砌体结构中所用砂浆，其强度等级越高，砂浆的横向变形越小，砌体的抗压强度也将有所提高。对于混凝土砌块砌体的抗压强度，提高砌块强度等级比提高砂浆强度等级的影响更为明显。但就砂浆的黏结强度而言，则应选择较高强度等级的砂浆。对于灌孔的混凝土砌块砌体，砌块和灌孔混凝土的强度是影响砌体强度的主要因素，砌筑砂浆强度的影响不明显，为了充分发挥材料强度，应使砌块强度与灌孔混凝土的强度相匹配。

(2) 块体的规整程度和尺才。

块体表面的规则、平整程度对砌体的抗压强度有一定的影响，块体的表面愈平整，灰缝的厚度愈均匀，愈利于改善砌体内的复杂应力状态，使砌体抗压强度提高。块材的尺寸，尤其是块体高度(厚度)对砌体抗压强度的影响较大，高度大的块体抗弯、抗剪和抗拉的能力增大，砌体受压破坏时第一批裂缝推迟出现，其抗压强度提高；砌体中块体的长度增加时，块体在砌体中引起的弯、剪应力也较大，砌体受压破坏时第一批裂缝相对出现早，其抗压强度降低。因此砌体强度随块体高度的增大而加大，随块体长度的增大而降低。

(3) 砂浆的变形与和易性。

低强度砂浆的变形率较大，在砌体中随着砂浆压缩变形的增大，块体受到的弯、剪应力和拉应力也增大，砌体抗压强度降低。和易性好的砂浆，施工时较易铺砌成饱满、均匀、密实的灰缝，可减小砌体内的复杂应力状态，砌体抗压强度提高。

2) 砌体工程施工质量

砌体工程施工质量综合了砌筑质量、施工管理水平和施工技术水平等因素的影响，从本质上来说，它较全面地反映了对砌体内复杂应力作用的不利影响的程度。具体来说上述因素有水平灰缝砂浆的饱满度、块体砌筑时的含水率、砂浆灰缝厚度、砌体组砌方法以及施工质量控制等级。这些也是影响砌体工程各种受力性能的主要因素。

(1) 灰缝砂浆的饱满度。

水平灰缝砂浆铺砌饱满、均匀，可改善块体在砌体中的受力性能，使之较均匀地受压从而提高砌体的抗压强度。反之，则降低砌体的强度。试验表明，当水平灰缝砂浆饱满度为 73%时，砌体的抗压强度可达到规定的强度值。砌体施工中要求砖砌体水平灰缝的砂浆饱满度不得小于 80%，竖向灰缝不得出现透明缝、暗缝和假缝，砖柱和宽度小于 1m 的窗间墙竖向灰缝的砂浆饱满程度不得低于 60%。在保证质量的前提下，采用快速砌筑法能使砌体在砂浆硬化前即受压，可增加水平灰缝的密实性而提高砌体的抗压强度。对混凝土小型砌块砌体，水平灰缝的砂浆饱满度不得低于 90%(按净面积计算)，竖向灰缝的饱满度不得小于 80%，不得出现透明缝和瞎缝；对石砌体，砂浆饱满度不得低于 80%。

(2) 块体砌筑时的含水率。

砌体的抗压强度随块体砌筑时的含水率的增大而提高，而采用干燥的块体砌筑的砌体比采用饱和含水率块体砌筑的砌体的抗压强度约下降 15%；但含水率对砌体抗剪强度的影响则不同，且施工中既要保证砂浆不至失水过快又要避免砌筑时产生砂浆流淌，因而应采用适宜的含水率。对烧结普通砖、多孔砖含水率宜控制为 10%～15%，对灰砂砖、粉煤灰砖

含水率宜为 8%～12%，且应提前 1～2 天浇水湿润。对普通混凝土小型砌块，它具有饱和吸水率低和吸水速度迟缓的特点，一般情况下施工时可不浇水(在天气干燥炎热的情况下可提前浇水湿润)；轻骨料混凝土小型砌块的吸水率较大，可提前浇水湿润。

(3) 灰缝的厚度。

砂浆灰缝的作用在于将上层砌体传下来的压力均匀地传到下层。灰缝厚，容易铺砌均匀，对改善单块砖的受力性能有利，但砂浆横向变形的不利影响也相应增大。灰缝薄，虽然砂浆横向变形的不利影响可大大降低，但难以保证灰缝的均匀与密实性，使单块块体处于弯剪作用明显的不利受力状态，严重影响砌体的强度。因此，应控制灰缝的厚度，使其处于既容易铺砌均匀密实，厚度又尽可能的薄。对于砖和小型砌块砌体，灰缝厚度应控制在 8～12mm，对于料石砌体，一般不宜大于 20mm。

(4) 砌体的组砌方法。

砌体的组砌方法会直接影响砌体强度和结构的整体受力性能，不可忽视。应采用正确的组砌方法，上、下错缝，内外搭砌。工程中常采用的一顺一丁、梅花丁和三顺一丁法砌筑的砖砌体，整体性好，砌体抗压强度可得到保证。砖柱不得采用包心砌法，因为这样砌筑的砌体整体性差，抗压强度大大降低，容易酿成严重的工程事故。对砌块砌体应对孔、错缝和反砌。所谓反砌，就是要求将砌块生产时的底面朝上砌筑于墙体上，从而有利于铺砌砂浆和保证水平灰缝砂浆的饱满度。

(5) 施工质量控制等级。

砌体工程除与上述砌筑质量有关外，还应考虑施工现场的技术水平和管理水平等因素的影响，也即施工质量控制等级的影响。依据施工现场的质量管理、砂浆和混凝土强度、砌筑工人技术等级综合水平，《砌体工程施工质量验收规范》(GB 50203—2002)从宏观上将砌体工程施工质量控制等级分为 A、B、C 三级，将直接影响到砌体强度的取值。在表 1.7 中，砂浆与混凝土强度有离散性小、离散性较小和离散性大之分，与砂浆、混凝土施工质量为"优良"、"一般"、"差"三个水平相对应，其划分方法见表 1.8 和表 1.9。

表 1.7 砌体施工质量控制等级

项 目	施工质量控制等级		
	A	B	C
现场质量管理	制度健全，并严格执行；非施工方质量监督人员经常到现场，或现场设有常驻代表；施工方有在岗专业技术管理人员，人员齐全，并持证上岗	制度基本健全，并能执行；非施工方质量监督人员间断地到现场进行质量控制；施工方有在岗专业技术管理人员，并持证上岗	有制度；非施工方质量监督人员很少作现场质量控制；施工方有在岗专业技术管理人员
砂浆、混凝土强度	试块按规定制作，强度满足验收规定，离散性小	试块按规定制作，强度满足验收规定，离散性较小	试块强度满足验收规定，离散性大
砂浆拌和方式	机械拌和；配合比计量控制严格	机械拌和；配合比计量控制一般	机械或人工拌和，配合比计量控制较差
砌筑工人	中级工以上，其中高级工不少于 20%	高、中级工不少于 70%	初级工以上

表 1.8 砌筑砂浆质量水平

	M 2.5	M5	M 7.5	M10	M15	M20
优良	0.5	1.00	1.50	2.00	3.00	4.00
一般	0.62	1.25	1.88	2.50	3 .75	5.00
差	0.75	1.50	2.25	3.00	4.50	6.00

表 1.9 混凝土施工质量水平

		优 良		一 般		差	
		<C20	≥C20	<C20	≥C20	<C20	≥C20
强度标准差(MPa)	预拌混凝土厂	≤3.0	≤3.5	≤4.0	≤5.0	>4.0	>5.0
	集中搅拌混凝土的施工现场	≤3.5	≤4.0	≤4.5	≤5.5	>4.5	>5.5
强度等于或大于混凝土强度等级值的百分率(%)	预拌混凝土厂、集中搅拌混凝土的施工现场	≥95		>85		≤85	

(6) 砌体强度试验方法及其他因素。

砌体的抗压强度是按照一定的尺寸、形状和加载方法等条件，通过试验确定的。如果这些条件不一致，所测得的抗压强度显然是不同的。在我国，砌体抗压强度及其他强度按《砌体基本力学性能试验方法标准》的要求来确定。

砌体的抗压强度除以上一些影响因素外，还与砌体的龄期和抗压试验方法等因素有关。一方面，因砂浆强度随龄期增长而提高，故砌体的强度亦随龄期增长而提高，但在龄期超过 28d 后强度增长缓慢。另一方面，结构在长期荷载作用下，砌体强度有所降低。

3．砌体抗压强度平均值的计算

影响砌体抗压强度的因素很多，如若能建立一个相关关系式，全面而正确地反映影响砌体抗压强度的各种因素，就能准确计算出砌体的抗压强度，而这在目前是比较困难的。当今国际上多以影响砌体抗压强度的主要因素为参数，根据试验结果，各类砌体轴心抗压强度平均值主要取决于块体的抗压强度平均值 f_1，其次为砂浆的抗压强度平均值 f_2，经统计分析建立实用的表达式。计算公式如下：

$$f_m = k_1 f_1^{\alpha} (1 + 0.07 f_2) k_2 \tag{1.1}$$

式中：f_m ——砌体轴心抗压强度平均值，MPa；

      k_1 ——与块体类别及砌体类别有关的参数，见表 1.10；

      f_1 ——块体的抗压强度平均值，MPa；

      α ——与块体类别及砌体类别有关的参数，见表 1.10；

      f_2 ——砂浆的抗压强度平均值，MPa；

      k_2 ——影响砂浆强度的修正参数，见表 1.10。

表 1.10　f_m 的计算参数

砌体类别	k_1	α	k_2
烧结普通砖、烧结多孔砖、蒸压灰砂砖、蒸压粉煤灰砖	0.78	0.5	当 $f_2 \leqslant 1$ 时，$k_2 = 0.6 + 0.4 f_2$
混凝土砌块	0.46	0.9	当 $f_2 = 0$ 时，$k_2 = 0.8$

续表

砌体类别	k_1	α	k_2
毛料石	0.79	0.5	当 $f_2 < 1$ 时，$k_2 = 0.6 + 0.4f_2$
毛石	0.22	0.5	当 $f_2 < 2.5$ 时，$k_2 = 0.4 + 0.24f_2$

注：1. k_2 在表列条件以外时均等于 1.0。

　　2. 混凝土砌块砌体的轴心抗压强度平均值计算时，当 $f_2 > 10$MPa 时应乘系数 $(1.1 \sim 0.01)f_2$，MU20 的砌体应乘以系数 0.95，且满足 $f_1 \geqslant f_2$，$f_1 \leqslant 20$MPa。

1.2.2　砌体的局部受压性能

局部受压是砌体结构中常见的一种受压状态，其特点在于轴向压力仅作用于砌体的部分截面上。如砌体结构房屋中，承受上部柱或墙传来的压力的基础顶面，在梁或屋架端部支承处的截面上，均产生局部受压。视局部受压面积上压应力分布的不同，分为局部均匀受压和局部不均匀受压。当砌体局部截面上受均匀压应力作用时，称为局部均匀受压，如图 1.8 所示。当砌体局部截面上受不均匀压应力作用时，称为局部不均匀受压，如图 1.9 所示。

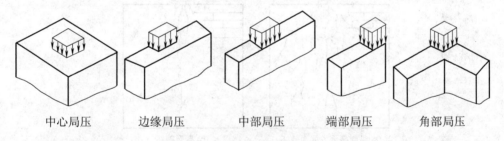

中心局压　　边缘局压　　中部局压　　端部局压　　角部局压

图 1.8　砌体局部均匀受压

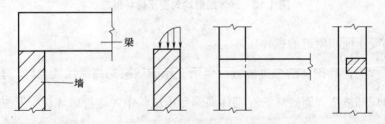

图 1.9　砌体局部不均匀受压

1. 砌体局部受压破坏特征

根据试验结果，砌体局部受压有三种破坏形态。

1) 因竖向裂缝的发展而破坏

图 1.10 为中部作用局部压力的墙体。当砌体的截面面积 A 与局部受压面积 A_1 的比值较小时，施加局部压力后，第一批裂缝并不在与钢垫板直接接触的砌体内出现，而大多是在距钢垫板 1~2 皮砖以下的砌体内产生，裂缝细而短小。随着局部压力的继续增加，裂缝数量不断增多，纵向裂缝逐渐向上和向下发展，并出现其他纵向裂缝和斜裂缝。当其中的部分纵向裂缝延伸形成一条明显的主要裂缝时(裂缝上下贯通，上、下较细，中间较宽)，试件即将破坏，如图 1.10(a)所示。开裂荷载一般小于破坏荷载。在砌体的局部受压中，这是一种较为常见的破坏形态。

2) 劈裂破坏

当砌体的截面面积 A 与局部受压面积 A_1 的比值相当大时，在局部压力作用下，砌体产生数量少但较集中的纵向裂缝，如图 1.10(b)所示；而且纵向裂缝一出现，砌体很快就发生犹如刀劈一样的破坏，开裂荷载一般接近破坏荷载。在大量的砌体局部受压试验中，仅有少数为劈裂破坏情况。

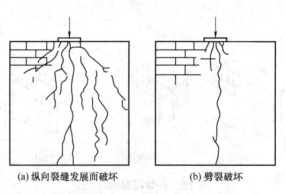

(a) 纵向裂缝发展而破坏　　　(b) 劈裂破坏

图 1.10　砌体局部均匀受压破坏形态

3) 局部受压面积附近的砌体压坏

在实际工程中，当砌体的强度较低，但所支承的墙梁的高跨比较大时，有可能导致梁端支承处砌体局部被压碎而破坏。在砌体局部受压试验中，这种破坏极少发生。

2. 局部受压的工作机理

在局部压力作用下，局部受压区的砌体在产生竖向压缩变形的同时还产生横向变形，而周围未直接承受压力的砌体像套箍一样阻止该横向变形，且与垫板接触的砌体处于双向受压或三向受压状态，使得局部受压区砌体的抗压能力(局部抗压强度)较一般情况下的砌体抗压强度有较大程度的提高，这是"套箍强化"作用的结果，如图 1.11 所示。

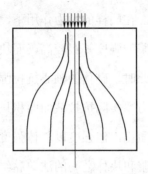

图 1.11　砌体局部受压套箍强化

对于边缘及端部局部受压情况，上述"套箍强化"作用不明显甚至不存在。

砌体局部受压时，尽管砌体局部抗压强度得到提高，但局部受压面积往往很小，这对于上部结构是很不利的。例如，因砌体局部受压承载力不足曾发生过多起房屋倒塌事故，对此不可掉以轻心。

1.2.3　砌体的轴心受拉性能

1. 砌体轴心受拉破坏特征

砌体轴心受拉时，依据拉力作用于砌体的方向，有三种破坏形态。当轴心拉力与砌体水平灰缝平行时，砌体可能沿灰缝Ⅰ—Ⅰ齿状截面(或阶梯形截面)破坏，即为砌体沿齿状灰缝截面轴心受拉破坏，如图 1.12(a)所示。在同样的拉力作用下，砌体也可能沿块体和竖向灰缝Ⅱ—Ⅱ较为整齐的截面破坏，即为砌体沿块体(及灰缝)截面的轴心受拉破坏，如图 1.12(a)所示。当轴心拉力与砌体的水平灰缝垂直时，砌体可能沿Ⅲ—Ⅲ通缝截面破坏，即为砌体沿水平通缝截面轴心受拉破坏，如图 1.12(b)所示。

砌体轴心受拉的破坏均较突然，属脆性破坏。在上述各种受力状态下，砌体抗拉强度取决于砂浆的黏结强度，该粘结强度包括切向黏结强度和法向黏结强度。当轴心拉力与砌体水平灰缝平行作用时，若块体与砂浆连接面的切向黏结强度低于块体的抗拉强度时，则砌体将沿水平和竖向灰缝成齿状或阶梯形破坏。此时砌体的抗拉力主要由水平灰缝的切向黏结力提供，砌体的竖向灰缝因其一般不能很好地填满砂浆，且砂浆在其硬化过程中的收缩大大削弱、甚至完全破坏了块体与砂浆的黏结，故不考虑竖向灰缝参与受力。而块体与砂浆间的黏结强度取决于砂浆的强度等级，这样，砌体的抗拉强度将由破坏截面上水平灰缝的面积和砂浆的强度等级决定。在同样的拉力作用下，若块体与砂浆连接面的切向黏结强度高于块体的抗拉强度，即砂浆的强度等级较高，而块体的强度等级较低时，砌体则可能沿块体与竖向灰缝截面破坏。此时，砌体的轴心抗拉强度完全取决于块体的强度等级。由于同样不考虑竖向灰缝参与受力，实际抗拉截面面积只有砌体受拉面积的一半，而一般为了计算方便，仍取用全部受拉面积，但强度以块体强度的一半计算。当轴心拉力与砌体的水平灰缝垂直作用时，由于砂浆和块体之间的法向黏结强度数值非常小，故砌体容易产生沿水平通缝的截面破坏。而实际工程中受砌筑质量等因素的影响，此法向黏结强度往往得不到保证，因此在设计中不允许采用如图 1.12(b)所示沿水平通缝截面轴心受拉的构件。

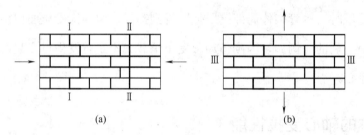

(a)   (b)

图 1.12 砌体轴心受拉破坏形态

2. 砌体轴心抗拉强度平均值的计算

在现行的《砌体结构设计规范》中，提高了块体的最低强度等级，一般可防止和避免砌体沿块体与竖向灰缝截面的受拉破坏情况。故而砌体的轴心受拉主要考虑沿齿缝破坏的形式，规范规定砌体沿齿缝截面破坏的轴心抗拉强度平均值计算公式如下：

$$f_{t,m} = k_3 \sqrt{f_2} \tag{1.2}$$

式中：$f_{t,m}$——砌体轴心抗拉强度平均值，MPa；

k_3——与砌体类别有关的参数，其取值见表 1.11；

f_2——砂浆的抗压强度平均值，MPa。

表 1.11 砌体轴心抗拉强度平均值计算参数

砌体类别	k_3
烧结普通砖、烧结多孔砖	0.141
蒸压灰砂砖、蒸压粉煤灰砖	0.09
混凝土砌块	0.069
毛石	0.075

砌体施工时竖向灰缝中的砂浆往往不饱满，且因干缩易与块体脱开。因此当砌体沿齿缝截面轴心受拉时、全部拉力只考虑由水平灰缝砂浆承担。其抵抗的拉力不仅与水平灰缝的面积有关，还与砌体的组砌方法有关。因而用形状规则的块体砌筑的砌体，其轴心抗拉强度尚应考虑砌体内块体的搭接长度与块体高度之比值的影响。

1.2.4　砌体弯曲受拉

1. 砌体弯曲受拉破坏特征

砌体结构弯曲受拉时，按其弯曲拉应力使砌体截面破坏的特征，同样存在三种破坏形态。即可分为沿齿缝截面受弯破坏(见图 1.13(a))、沿块体与竖向灰缝截面受弯破坏(见图 1.13(b))以及沿通缝截面受弯破坏(见图 1.13(c))三种形态。

与轴心受拉时情况相同，砌体的弯曲抗拉强度主要取决于砂浆和块体之间的黏结强度。沿齿缝截面受弯破坏和沿水平通缝截面受弯破坏分别取决于砂浆与块体之间的切向和法向黏结强度，而沿块体与竖向通缝截面受弯破坏新规范通过提高块体的最低强度等级，可以避免和防止此类受弯破坏。

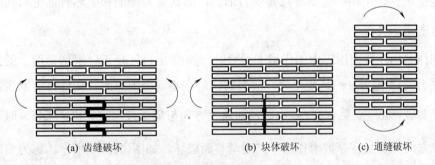

(a) 齿缝破坏　　　　　　(b) 块体破坏　　　　(c) 通缝破坏

图 1.13　弯曲受拉破坏形式

2. 砌体弯曲抗拉强度平均值的计算

砌体沿齿缝和通缝截面的弯曲抗拉强度，可按下式计算：

$$f_{\text{tm,m}} = k_4 \sqrt{f_2} \tag{1.3}$$

式中：$f_{\text{tm,m}}$——砌体弯曲抗拉强度平均值(MPa)；

　　　　k_4——与砌体类别有关的参数，其取值见表 1.12；

　　　　f_2——砂浆的抗压强度平均值(MPa)。

表 1.12　砌体弯曲抗拉强度平均值计算参数

砌体类别	k_4	
	沿齿缝截面破坏	沿通缝截面破坏
烧结普通砖、烧结多孔砖	0.250	0.125
蒸压灰砂砖、蒸压粉煤灰砖	0.18	0.09
混凝土砌块	0.081	0.056
毛石	0.113	—

由表 1.12 可知，砌体沿通缝截面的弯曲抗拉强度远低于沿齿缝截面的弯曲抗拉强度。

对于砌体沿齿缝截面和沿通缝截面的弯曲抗拉强度，同样应考虑砌体内块体搭接长度与块体高度比值的影响。对于毛石砌体，因毛石外形不规则，弯曲受拉时只可能产生沿齿缝截面的破坏，因此表中未给出沿通缝时的 k_4 值。

1.2.5　砌体的受剪性能

1. 砌体受剪破坏特征

实际工程中，砌体截面上存在垂直压应力的同时往往同时存在剪应力，因此砌体结构的受剪是受压砌体结构的另一种重要受力形式，而其受力性能和破坏特征也与其所受的垂直压应力密切相关。

当砌体结构在竖向压应力的作用下受剪时，如图 1.14(a)所示，通缝截面上的法向压应力与剪应力的比值(σ_y/τ)是变化的，故当其比值在不同范围内时，构件可能发生以下三种不同的受剪破坏形态。当 σ_y/τ 较小时，即通缝方向与竖直方向的夹角 $\theta \leqslant 45°$ 时，砌体沿水平通缝方向受剪且在摩擦力作用下产生滑移而破坏，如图 1.14(b)所示，称为剪摩破坏；当 σ_y/τ 较大时，即通缝方向与竖直方向的夹角 $45° < \theta \leqslant 60°$ 时，砌体将沿阶梯形灰缝截面受剪破坏，称为主拉应力破坏，亦称剪压破坏，如图 1.14(c)所示；当 σ_y/τ 更大时，通缝方向与竖直方向的夹角 $60° < \theta < 90°$ 时，砌体将沿块体与灰缝截面受剪破坏，称为斜压破坏，如图 1.14(d)所示。

砌体的受剪破坏属脆性破坏，上述斜压破坏更具脆性，设计上应予避免。

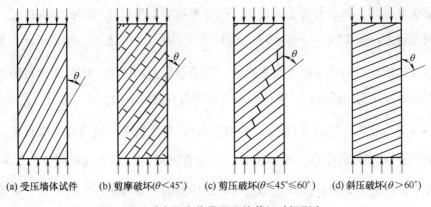

(a) 受压墙体试件　(b) 剪摩破坏($\theta<45°$)　(c) 剪压破坏($\theta\leqslant45°\leqslant60°$)　(d) 斜压破坏($\theta>60°$)

图 1.14　垂直压力作用下砌体剪切破坏形态

2. 影响砌体抗剪强度的因素

影响砌体抗剪强度的因素有很多，主要有砂浆的强度、垂直压应力的大小和施工质量等。

1) 砌体材料的强度

视砌体受剪破坏形态的不同，块体和砂浆强度对砌体抗剪强度的影响程度也不一样。对于剪摩破坏和剪压破坏砌体，由于破坏面沿砌体灰缝截面发生，因此砂浆的强度影响较大，块体的强度影响较小。而对于斜压破坏砌体，由于破坏面沿压力作用方向的块体和灰缝截面发生，裂缝贯通灰缝发展，这种情况下提高块体的强度使砌体的抗剪强度增大的幅度大于提高砂浆强度时的幅度，即块体的强度对砌体的抗剪强度影响相对较大，砂浆的强度影响相对较小。

在灌孔混凝土砌块砌体中，还有芯柱混凝土的影响，由于芯柱混凝土自身的抗剪强度和芯柱在砌体中的"销栓"作用，因而随灌孔混凝土强度的增大，灌孔砌块砌体的抗剪强度有较大幅度的提高。对于符合《烧结多孔砖标准》的多孔、小孔空心砖，由于砌筑时砂浆嵌入孔洞形成"销键"，其通缝抗剪强度亦有所提高。

2) 垂直压应力

砌体截面上的垂直压应力 σ_y 的大小不但决定着砌体的剪切破坏形态，也直接影响砌体的抗剪强度。当砌体截面上施加的垂直压应力较小，即 $\sigma_y/f_m\leqslant0.2$（f_m 为砌体的轴心抗压强度平均值），砌体处于剪摩受力状态时，由于水平灰缝中砂浆产生较大的剪切变形，而由垂直压应力产生的摩擦力将阻止砌体剪切面的水平滑移，因此随垂直压应力 σ_y 的增大，砌体的抗剪强度提高，随着剪应力的增加，砌体最终将发生剪摩破坏；当砌体截面上施加的垂直压应力较大，即 $0.2 < \sigma_y / f_m < 0.6$，砌体处于剪压受力状态时，垂直压应力增大，砌体的抗剪强度也增加，但增加幅度愈来愈小，随着剪应力的增加，砌体最终将因斜截面上主拉应力不足而发生剪压破坏；当砌体截面上施加的垂直压应力更大，即 $\sigma_y / f_m \geqslant 0.6$ 时，砌体处于斜压受力状态，随着垂直压应力的增加，砌体的抗剪强度迅速下降直至为零，在剪应力的共同作用下，砌体将发生斜压破坏。垂直压应力对砌体抗剪强度的影响可用砌体剪—压相关曲线表示，由此曲线也可看出，砌体截面上垂直压应力的大小决定了砌体受剪破坏形态，并直接影响砌体的抗剪强度，如图 1.15 所示。

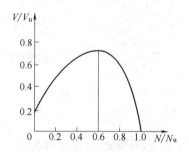

图 1.15 砌体剪—压相关曲线

3) 砌体工程施工质量

如前所述，砌体的砌筑质量不仅对砌体的抗压强度有较大的影响，对砌体的抗剪强度亦有较大的影响。砌体的砌筑质量对砌体抗剪强度的影响，主要体现在砌筑时灰缝砂浆的密实性、饱和度以及块体的含水率等，其中竖向灰缝砂浆饱满度的影响不可忽视。灰缝砂浆的密实性、饱和度影响着砂浆与块体间的黏结强度，而砂浆与块体间的黏结强度对剪摩破坏和剪压破坏的砌体的抗剪强度均有较大影响；而块体在砌筑时的含水率亦影响着砌体的抗剪强度。由多孔砖砌体沿齿缝截面受剪的试验表明，当砌体水平灰缝砂浆饱满度大于92%而竖向灰缝未灌砂浆；或当水平灰缝砂浆饱满度大于 62%，而竖向灰缝内砂浆饱满；或当水平灰缝砂浆饱满度大于 80%而竖向灰缝砂浆饱满度大于 40%时，砌体抗剪强度可达规定值。但当水平灰缝砂浆饱满度为 70%～80%而竖向灰缝内未灌砂浆时，砌体抗剪强度较规定值降低 20%～30%。对于块体砌筑时的含水率，有的试验研究认为，随其含水率的增加砌体抗剪强度相应提高，与它对砌体抗压强度的影响规律一致。但较多的试验结果与此不同，如砖的含水率对砌体抗剪强度的影响，存在一个较佳含水率，当砖的含水率约为 10%时，砌体的抗剪强度最高。

4) 试验方法

砌体的抗剪强度与试件的形式、尺寸以及加载方式有关，试验方法不同，所测得的抗剪强度亦不相同。

3. 砌体的抗剪强度平均值的计算

砌体的抗剪强度主要取决于水平灰缝中砂浆与块体的黏结强度，新规范不区分沿齿缝截面与沿通缝截面破坏的抗剪强度，是因为砂浆与块体之间的法向黏结强度很低，而且在实际工程中砌体竖向灰缝内的砂浆往往又不饱满。因此规范规定砌体的抗剪强度平均值计算公式如下：

$$f_{v,m} = k_5 \sqrt{f_2} \tag{1.4}$$

式中：$f_{v,m}$——砌体抗剪强度平均值(MPa)；

　　　k_5——与砌体类别有关的参数，其取值见表 1.13；

　　　f_2——砂浆的抗压强度平均值（MPa）。

表 1.13　砌体抗剪强度平均值计算参数

砌体类别	k_5
烧结普通砖、烧结多孔砖	0.125
蒸压灰砂砖、蒸压粉煤灰砖	0.090
混凝土砌块	0.069
毛石	0.188

1.2.6　砌体的其他性能

对于砌体结构的研究，除了要确定其强度外，还应研究砌体的其他性能。如对砌体应力—应变关系、砌体的收缩与膨胀等性能同样要进行研究，以全面了解和掌握砌体结构的破坏机理、内力分析、承载力计算，以及裂缝的开展与防范等，为砌体结构的精确分析和准确设计提供依据。

1. 砌体的应力—应变关系

砌体受压时的应力—应变曲线是砌体的基本性能之一。砌体是弹塑性材料，砌体受压时，随应力的增加，应变也增大，但这种增长从一开始就不是呈线性变化的。砌体结构受压应力—应变曲线有多种不同的表达式，国内外多采用对数应力-应变的曲线，图 1.16 所示为砖砌体对数应力—应变的曲线形式，其计算表达式如下：

$$\varepsilon = -\frac{1}{\xi}\ln\left(1 - \frac{\sigma}{f_{\mathrm{m}}}\right) \tag{1.5}$$

式中：f_{m}——砌体抗压强度平均值(MPa)；

ξ——砌体变形的弹性特征系数，主要与砂浆的强度等级有关。

由图 1.16 可知，当砌体应力较小时，其应力—应变关系近似于直线，说明砌体基本上处于弹性阶段；当砌体应力较大时，其应变增长的速率逐渐大于应力的增长速率，砌体已逐渐进入弹塑性阶段，呈现出明显的非线性关系。砌体受压时，砌体的变形主要集中于灰缝砂浆中，即灰缝的应变占总应变中很大的比例，而灰缝应变除砂浆本身的压缩变形外，块体与砂浆接触面空隙的压密也是其中一个重要的因素。

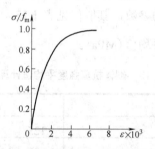

图 1.16　砌体应力—应变曲线

2. 砌体的弹性模量和剪变模量

砌体的弹性模量是其应力与应变的比值，主要用于计算构件在荷载作用下的变形，是衡量砌体抵抗变形能力的一个物理量。砌体的弹性模量的大小可通过实测砌体的应力—应变曲线求得，而根据应力与应变取值的不同，砌体弹性模量也有几种不同的表示方式。

在砌体的受压应力—应变曲线上任取一点切线的正切值来表示该点的弹性模量，即该点的切线弹性模量，如图 1.17 中的 A 点，其切线模量如下：

$$E' = \tan\alpha = \frac{\mathrm{d}\sigma}{\mathrm{d}\varepsilon} = \xi f_{\mathrm{m}}\left(1 - \frac{\sigma}{f_{\mathrm{m}}}\right) \tag{1.6}$$

当 $\dfrac{\sigma}{f_{\mathrm{m}}} = 0$ 时，即在曲线原点切线的正切称之为初始弹性模量，由式(1.6)得：

$$E_0 = \tan\alpha_0 = \xi f_{\mathrm{m}} \tag{1.7}$$

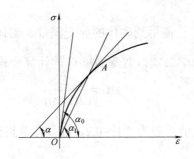

图 1.17 砌体受压应力—应变曲线

在应力—应变曲线上某点 A 与坐标原点连成的割线的正切称之为割线模量。工程上一般取 $\sigma = 0.43 f_{\mathrm{m}}$ 时的割线模量作为砌体的弹性模量，这是比较符合砌体在使用阶段受力状态下的工作性能的。当 $\sigma = 0.43 f_{\mathrm{m}}$ 时：

$$E = \tan\alpha_1 = \frac{\sigma_A}{\varepsilon_A} = \frac{\sigma_{0.43}}{\varepsilon_{0.43}} = \frac{0.43 f_{\mathrm{m}}}{-\dfrac{1}{\xi}\ln(0.57)} = 0.8\xi f_{\mathrm{m}} \tag{1.8}$$

即

$$E \approx 0.8 E_0$$

对于砖砌体，ξ 值可取 $460\sqrt{f_{\mathrm{m}}}$，则上式可写成：

$$E \approx 370 f_{\mathrm{m}}\sqrt{f_{\mathrm{m}}} \tag{1.9}$$

为便于应用，现行《砌体结构设计规范》对砌体受压弹性模量采用了更为简化的结果，按不同强度等级砂浆，取弹性模量与砌体的抗压强度设计值成正比关系。而对于石材抗压强度和弹性模量远高于砂浆相应值的石砌体，砌体的受压变形主要集中在灰缝砂浆中，故石砌体弹性模量可仅按砂浆强度等级确定。各类砌体的受压弹性模量见表 1.14。

表 1.14 砌体的弹性模量(MPa)

砌体种类	砂浆强度等级			
	≥M10	M7.5	M5	M2.5
烧结普通砖、烧结多孔砖砌体	1600 f	1600 f	1600 f	1390 f
蒸压灰砂砖、蒸压粉煤灰砖砌体	1060 f	1060 f	1060 f	—
非灌孔混凝土砌块砌体	1700 f	1600 f	1500	—
粗料石、毛料石、毛石砌体	—	5650	4000	2250
细料石砌体	—	17000	12000	6750

注：1. f 为砌体的抗压强度设计值。

2. 轻骨料混凝土砌块砌体的弹性模量，可按表中混凝土砌块砌体的弹性模量采用。

3. 单排孔且对孔砌筑的混凝土砌块灌孔砌体的弹性模量，应按下列公式计算：

$$E = 2000 f_{\mathrm{g}}$$

式中：f_{g}——灌孔砌体的抗压强度设计值。

当计算墙体的剪切变形时，需用到砌体的剪变模量。砌体的剪变模量与砌体的弹性模量和泊松比有关，根据材料力学公式，剪变模量 G 的计算公式如下：

$$G = \frac{E}{2(1+\upsilon)} \tag{1.10}$$

式中：υ 为材料的泊松比，取值一般为 0.1～0.2，而规范值近似取 $G = 0.4E$。

3. 砌体的线膨胀系数和收缩率

温度变化时，砌体将产生热胀冷缩变形。当这种变形受到约束时，砌体内将产生附加内力，而当此内力达到一定程度时，将会造成砌体结构开裂和裂缝的扩展。为计算和控制此附加内力，避免此裂缝的形成和开展，要用到砌体的温度线膨胀系数，此系数与砌体种类有关，规范规定的各类砌体的线膨胀系数见表 1.15。

除热胀冷缩变形外，砌体在浸水时体积膨胀，在失水时体积收缩，这种收缩变形为干缩变形，它比膨胀变形大得多。同样，当这种变形受到约束时，砌体内将产生干缩应力，当此应力大到一定程度时，将引起砌体结构变形和裂缝开展。各类砌体的收缩率可参见表 1.15。

表 1.15 砌体的线膨胀系数和收缩率

砌体类别	线膨胀系数(10^{-6}/℃)	收缩率(mm/m)
烧结普通砖、烧结多孔砖砌体	5	−0.1
蒸压灰砂砖、蒸压粉煤灰砖砌体	8	−0.2
混凝土普通砖、混凝土多孔砖、混凝土砌块砌体	10	−0.2
轻骨料混凝土砌块砌体	10	−0.3
料石和毛石砌体	8	—

注：表中的收缩率系由达到收缩允许标准的块体砌筑 28d 的砌体收缩率，当地方有可靠的砌体收缩试验数据时，亦可采用当地的试验数据。

4. 砌体的摩擦系数

当砌体结构产生滑移趋势或发生滑移时，由于法向压力的存在，在滑移面上将产生摩擦阻力。摩擦阻力与摩擦面上法向应力和摩擦系数有关，而摩擦系数的大小与摩擦面的材料和干湿程度有关。规范规定的砌体摩擦系数见表 1.16。

表 1.16　摩擦系数

材料类别	摩擦面情况	
	干 燥 的	潮 湿 的
砌体沿砌体或混凝土滑动	0.70	0.60
砌体沿木材滑动	0.60	0.50
砌体沿钢滑动	0.45	0.35
砌体沿砂或卵石滑动	0.60	0.50
砌体沿粉土滑动	0.55	0.40
砌体沿黏性土滑动	0.50	0.30

课程实训

1. 试述砌体轴心受压时的破坏特征。

2. 试析影响砌体抗压强度的主要因素。

3. 试述砌体受压强度远小于块体的强度等级,而又大于砂浆强度(砂浆强度等级较小时)的原因。

4. 试析垂直压应力对砌体抗剪强度的影响。

5. 试述砌体轴心受拉和弯曲受拉的破坏形态。为何不允许设计采用沿水平通缝截面轴心受拉的构件?

第2章 砌体结构墙、柱设计

【教学目标】

- 了解砌体结构的设计方法。
- 掌握砌体结构的承重布置方案及静力计算方案。
- 确定各种静力计算方案墙、柱的计算简图及内力计算。
- 掌握砌体墙、柱的高厚比验算。
- 了解砌体结构的相关构造要求。

【技能要求】

- 能为砌体结构选取合理的承重布置方案。
- 能正确确定砌体结构的静力计算方案，确定砌体墙、柱的计算简图。
- 能对砌体墙、柱进行内力计算。
- 能对砌体墙、柱进行高厚比验算。
- 能为砌体结构布置圈梁、构造柱。

【引导案例】

某单位公寓楼，层数五层，层高 3.3m，总建筑面积 5580m²，建筑平、立面图已确定。该地区基本风压为 $W_0 = 0.5\text{kN}/\text{m}^2$，基本雪压为 $S_0 = 0.5\text{kN}/\text{m}^2$，抗震设防等级为 8 度，设计基本地震加速度为 0.20g，设计地震分组为第一组。墙面、楼面、屋面等做法已确定。结构设计根据其平面布置、层高、层数、荷载等情况采用砌体结构，外墙采用 370 厚机制砖，内墙采用 240 厚机制砖，局部设有大梁。该墙体承受的荷载有多大？计算简图该如何确定？作为受压构件墙体的稳定性能够满足要求？如何进行计算？除了设计计算外还需考虑什么构造要求？

本章将介绍砌体结构楼盖选择、结构承重体系确定、静力计算方案的确定，并根据这些内容来确定墙体的荷载、在各种荷载作用下的计算简图及内力的确定；墙身高厚比验算，根据这些内容确定墙体的稳定性；构造柱布置、圈梁布置等一般构造说明与设置，并根据这些内容确定圈梁、构造柱的设置位置、截面尺寸、配筋情况。

2.1 砌体结构构件的设计方法

2.1.1 砌体结构设计方法

工程结构设计方法是处理工程结构的安全性、适用性与经济性的理论和方法，主要解决工程结构产生的各种作用效应与结构材料抗力之间的关系。根据现行国家标准《建筑结构可靠度设计统一标准》(GB 50068—2001)，砌体结构采用以概率理论为基础的极限状态设计方法，以可靠指标度量结构构件的可靠度，采用分项系数的设计表达式进行计算。

结构构件应根据承载能力极限状态和正常使用极限状态的要求，分别进行下列计算和验算。

(1) 对所有结构构件均应进行承载力计算，必要时还应进行结构的滑移、倾覆或漂浮验算。

(2) 对使用上需要控制变形的结构构件，应进行变形验算。

(3) 对使用上要求不出现裂缝的构件，应进行抗裂验算；对使用上允许出现裂缝的构件，应进行裂缝宽度验算。

结构设计的一般程序是先按承载能力极限状态的要求设计结构构件，然后再按正常使用极限状态的要求进行验算。考虑砌体结构的特点，其正常使用极限状态的要求，在一般情况下，可由相应的结构措施保证。

砌体结构构件的承载能力极限状态设计表达式如下所示。

(1) 砌体结构按承载能力极限状态设计时，应按下列公式中的最不利组合进行计算：

$$\gamma_0 \left(1.2 S_{Gk} + 1.4 \gamma_L S_{Q1k} + \gamma_L \sum_{i=2}^n \gamma_{Qi} \varphi_{ci} S_{Qik} \right) \leqslant R(f, a_k, \cdots) \tag{2.1}$$

$$\gamma_0 \left(1.35 S_{Gk} + 1.4 \gamma_L \sum_{i=1}^n \varphi_{ci} S_{Qik} \right) \leqslant R(f, a_k, \cdots) \tag{2.2}$$

式中：γ_0——结构重要性系数。对安全等级为一级或设计使用年限为 50 年以上的结构构件，不应小于 1.1；对安全等级为二级或设计使用年限为 50 年的结构构件，不应小于 1.0；对安全等级为三级或设计使用年限为 1～5 年的结构构件，不应小于 0.9；

γ_L——结构构件的抗力模型不定性系数。对静力设计，考虑结构设计使用年限的荷载调整系数，设计使用年限为 50 年，取 1.0；设计使用年限为 100 年，取 1.1；

S_{Gk}——永久荷载标准值的效应；

S_{Q1k}——在基本组合中起控制作用的一个可变荷载标准值的效应；

S_{Qik}——第 i 个可变荷载标准值的效应；

γ_{Qi}——第 i 个可变荷载的分项系数，一般情况下，γ_{Qi} 取 1.4；当楼面活荷载标准值大于 4kN/m^2 时，γ_{Qi} 取 1.3；

φ_{ci}——第 i 个可变荷载的组合值系数，一般情况下应取 0.7；对书库、档案库、储藏库或通风机房、电梯机房应取 0.9；

$R()$——结构构件的抗力函数；

f——砌体的强度设计值，$f = f_k / \gamma_f$；

f_k——砌体的强度标准值；

γ_f——砌体结构的材料性能分项系数，一般情况下，宜按施工质量控制等级为 B 级考虑，取 $\gamma_f = 1.6$；当为 C 级时，取 $\gamma_f = 1.8$；当为 A 级时，取 $\gamma_f = 1.5$；

a_k——几何参数标准值。

(2) 当砌体结构作为一个刚体，需验算整体稳定性，例如倾覆、滑移、漂浮等时，应按下式进行验算：

$$\gamma_0 \left(1.2 S_{G2k} + 1.4 \gamma_L S_{Q1k} + \gamma_L \sum_{i=2}^{n} S_{Qik} \right) \leqslant 0.8 S_{G1k} \tag{2.3}$$

$$\gamma_0 \left(1.35 S_{G2k} + 1.4 \gamma_L \sum_{i=2}^{n} S_{Qik} \right) \leqslant 0.8 S_{G1k} \tag{2.4}$$

式中： S_{G1k}——起有利作用的永久荷载标准值的效应；

S_{G2k}——起不利作用的永久荷载标准值的效应。

2.1.2 砌体的强度标准值和设计值

1. 砌体的强度标准值

砌体的强度标准值取具有 95%保证率的强度值，即按下式计算：

$$f_k = f_m - 1.645 \sigma_f \tag{2.5}$$

式中： f_m——砌体的强度平均值；

σ_f——砌体强度的标准差。

根据我国所取得的大量试验数据，通过统计分析，得到了砌体抗压、砌体轴心抗拉、砌体弯曲抗拉及抗剪等强度平均值 f_m 的计算公式以及砌体强度的标准差 σ_f，由此得出的各类砌体的强度标准值见《砌体结构设计规范》。

2. 砌体的强度设计值

在 1.2 节中主要研究的是砌体的强度平均值，在设计中砌体强度采用设计值。砌体的强度设计值是在承载能力极限状态设计时采用的强度值，按下式计算：

$$f = f_k / \gamma_f \tag{2.6}$$

施工质量控制等级为 B 级、龄期为 28d、以毛截面计算的各类砌体的抗压强度设计值、轴心抗拉强度设计值、弯曲抗拉强度设计值及抗剪强度设计值可查表 2.1～表 2.8。我国砌体施工质量控制等级分为 A、B、C 三级，在结构设计中通常按 B 级考虑，即取 $\gamma_f = 1.6$；当为 C 级时，取 $\gamma_f = 1.8$，即表中数值应乘以砌体强度设计值的调整系数 $\gamma_a = 1.6/1.8 = 0.89$，当为 A 级时，取 $\gamma_f = 1.5$，可取 $\gamma_a = 1.05$。砌体强度与施工质量控制等级有关的上述规定，旨在保证相同可靠度的要求下，反映管理水平、施工技术和材料消耗水平的关系。工程施工前，施工质量控制等级由设计方和建设方商定，并应明确写在设计文件和施工图纸上。

表 2.1　烧结普通砖和烧结多孔砖砌体的抗压强度设计值(MPa)

砖强度等级	砂浆强度等级					砂浆强度
	M15	M10	M7.5	M5	M2.5	0
MU30	3.94	3.27	2.93	2.59	2.26	1.15
MU25	3.60	2.98	2.68	2.37	2.06	1.05
MU20	3.22	2.67	2.39	2.12	1.84	0.94
MU15	2.79	2.31	2.07	1.83	1.60	0.82
MU10	—	1.89	1.69	1.50	1.30	0.67

注：当烧结多孔砖的孔洞率大于30%时，表中数值应乘以0.9。

　　烧结多孔砖砌体和烧结普通砖砌体的抗压强度设计值均列在同一表内，这是因为随着多孔砖孔洞率的增大，制砖时需增大压力挤出砖坯，砖的密实性增加，它平衡或部分平衡了由于孔洞引起砖的强度的降低。另外，多孔砖的块高比普通砖的块高大，有利于改善砌体内的复杂应力状态，砌体抗压强度提高。因而当多孔砖的孔洞率不大时，上述二类砌体抗压强度相等。但由于烧结多孔砖砌体受压破坏时脆性增大，所以当砖的孔洞率大于 30%时，其抗压强度设计值应乘以 0.9，予以适当的降低。

表 2.2　蒸压灰砂普通砖和蒸压粉煤灰砖砌体的抗压强度设计值(MPa)

砖强度等级	砂浆强度等级				砂浆强度
	M15	M10	M7.5	M5	0
MU25	3.60	2.98	2.68	2.37	1.05
MU20	3.22	2.67	2.39	2.12	0.94
MU15	2.79	2.31	2.07	1.83	0.82

　　根据国内较大量的试验结果，蒸压灰砂砖砌体、蒸压粉煤灰砖砌体的抗压强度与烧结普通砖砌体的抗压强度接近。因此在 MU15～MU25 的情况下，表 2.2 的值与表 2.1 的值相等。应当注意的是：蒸压灰砂砖砌体和蒸压粉煤灰砖砌体的抗压强度指标系采用同类砖为砂浆强度试块底模时的抗压强度指标。若采用黏土砖做底模，砂浆强度会提高，相应的砌体强度约降低 10%。还应指出，表 2.2 不适用于蒸养灰砂砖砌体和蒸养粉煤灰砖砌体。

表 2.3　混凝土普通砖和混凝土多孔砖砌体的抗压强度设计值(MPa)

砖强度等级	砂浆强度等级					砂浆强度
	Mb20	Mb15	Mb10	Mb7.5	Mb5	0
MU30	4.61	3.94	3.27	2.93	2.59	1.15

续表

砖强度等级	砂浆强度等级					砂浆强度
	Mb20	Mb15	Mb10	Mb7.5	Mb5	0
MU25	4.21	3.60	2.98	2.68	2.37	1.05
MU20	3.77	3.22	2.67	2.39	2.12	0.94
MU15	—	2.79	2.31	2.07	1.83	0.82

表 2.4　单排孔混凝土和轻集料混凝土砌块对孔砌筑砌体的抗压强度设计值(MPa)

砌块强度等级	砂浆强度等级					砂浆强度
	Mb20	Mb15	Mb10	Mb7.5	Mb5	0
MU20	6.30	5.68	4.95	4.44	3.94	2.33
MU15	—	4.61	4.02	3.61	3.20	1.89
MU10	—	—	2.79	2.50	2.22	1.31
MU7.5	—	—	—	1.93	1.71	1.01
MU5	—	—	—	—	1.19	0.70

注：1. 对错孔砌筑的砌体，应按表中数值乘以 0.8。

　　2. 对独立柱或厚度为双排组砌的砌块砌体，应按表中数值乘以 0.7。

　　3. 对 T 形截面砌体，应按表中数值乘以 0.85。

　　4. 表中轻集料混凝土砌块为煤矸石和水泥煤渣混凝土砌块。

孔洞率不大于 35%的双排孔或多排孔轻骨料混凝土砌块砌体的抗压强度设计值，应按单排孔混凝土砌块砌体强度设计值乘以 1.1 采用。

表 2.5　双排孔、多排孔轻集料混凝土砌块砌体的抗压强度设计值(MPa)

砌块强度等级	砂浆强度等级			砂浆强度
	Mb10	Mb7.5	Mb5	0
MU10	3.08	2.76	2.45	1.44
MU7.5	—	2.13	1.88	1.12
MU5	—	—	1.31	0.78
MU3.5	—	—	0.95	0.56

注：1. 表中的砌块为火山灰、浮石和陶粒混凝土砌块。

　　2. 对厚度方向为双排组砌的轻集料混凝土砌块砌体的抗压强度设计值，应按表中数值乘以 0.8。

表 2.6　高度为 180～350mm 的毛料石砌体的抗压强度设计值(MPa)

毛料石强度等级	砂浆强度等级			砂浆强度
	M7.5	M5	M2.5	0
MU100	5.42	4.80	4.18	2.13
MU80	4.85	4.29	3.73	1.91

续表

毛料石强度等级	砂浆强度等级			砂浆强度
	M7.5	M5	M2.5	0
MU60	4.20	3.71	3.23	1.65
MU50	3.83	3.39	2.95	1.51
MU40	3.43	3.04	2.64	1.35
MU30	2.97	2.63	2.29	1.17
MU20	2.42	2.15	1.87	0.95

注：对下列各类料石砌体，应按表中数值分别乘以如下系数：细料石砌体为1.4；粗料石砌体为1.2；干砌勾缝石砌体为0.8。

表 2.7　毛石砌体的抗压强度设计值(MPa)

毛料石强度等级	砂浆强度等级			砂浆强度
	M7.5	M5	M2.5	0
MU100	1.27	1.12	0.98	0.34
MU80	1.13	1.00	0.87	0.30
MU60	0.98	0.87	0.76	0.26
MU50	0.90	0.80	0.69	0.23
MU40	0.80	0.71	0.62	0.21
MU30	0.69	0.61	0.53	0.18
MU20	0.56	0.51	0.44	0.15

表 2.8　砌体沿灰缝截面破坏时的轴心抗拉强度设计值、弯曲抗拉强度设计值和抗剪强度设计值(MPa)

强度类别	破坏特征砌体种类		砂浆强度等级			
			≥M10	M7.5	M5	M2.5
轴心抗拉	沿齿缝	烧结普通砖、烧结多孔砖	0.19	0.16	0.13	0.09
		蒸压灰砂砖、蒸压粉煤灰砖	0.12	0.10	0.08	0.06
		混凝土砌块和轻集料混凝土砌块	0.09	0.08	0.07	—
		毛石	—	0.07	0.06	0.04
弯曲抗拉	沿齿缝	烧结普通砖、烧结多孔砖	0.33	0.29	0.23	0.17
		蒸压灰砂砖、蒸压粉煤灰砖	0.24	0.20	0.16	—
		混凝土砌块和轻集料混凝土砌块	0.11	0.09	0.08	—
		毛石	—	0.11	0.09	0.07

续表

强度类别	破坏特征	砌体种类	砂浆强度等级			
弯曲抗拉	沿通缝	烧结普通砖、烧结多孔砖	0.17	0.14	0.11	0.08
		蒸压灰砂砖、蒸压粉煤灰砖	0.12	0.10	0.08	—
		混凝土和轻集料混凝土砌块	0.18	0.06	0.05	—
抗剪		烧结普通砖、烧结多孔砖	0.17	0.14	0.11	0.08
		蒸压灰砂砖、蒸压粉煤灰砖	0.12	0.10	0.08	—
		混凝土砌块	0.09	0.08	0.06	—
		毛石	—	0.19	0.16	0.11

注: 1. 对于用形状规则的块体砌筑的砌体, 当搭接长度与块体高度的比值小于 1 时, 其轴心抗拉强度设计值和弯曲抗拉强度设计值应按表中数值乘以搭接长度与块体高度比值后采用。

2. 对孔洞率不大于 35%的双排孔或多排孔轻集料混凝土砌块砌体的抗剪强度设计值, 可按表中混凝土砌块砌体抗剪强度设计值乘以 1.1。

3. 对蒸压灰砂砖、蒸压粉煤灰砖砌体, 当有可靠的试验数据时, 表中强度设计值, 允许作适当调整。

4. 对烧结页岩砖、烧结煤矸石砖、烧结粉煤灰砖砌体, 当有可靠的试验数据时, 表中强度设计值, 允许作适当调整。

单排孔混凝土砌块对孔砌筑时, 灌孔砌体的抗压强度设计值和抗剪强度设计值分别按下式计算:

$$f_g = f + 0.6\alpha f_c \tag{2.7}$$

$$f_{vg} = 0.2 f_g^{0.55} \tag{2.8}$$

式中: f_g——灌孔砌体的抗压强度设计值, 不应大于未灌孔砌体抗压强度设计值的 2 倍;

f——未灌孔砌体的抗压强度设计值, 按表 2.4 采用;

f_c——灌孔混凝土的轴心抗压强度设计值;

α——砌块砌体中灌孔混凝土面积与砌体毛面积的比值, $\alpha = \delta\rho$;

δ——混凝土砌块的孔洞率;

ρ——混凝土砌块砌体的灌孔率, 为截面灌孔混凝土面积和截面孔洞面积的比值, ρ 不应小于 33%;

f_{vg}——灌孔砌体的抗剪强度设计值。

灌孔混凝土的强度等级用符号 Cb×× 表示, 其强度指标等同于对应的混凝土强度等级 C××。砌块砌体中灌孔混凝土的强度等级不应低于 Cb20, 也不应低于 1.5 倍的块体强度等级。

3. 砌体的强度设计值调整系数

考虑实际工程中各种可能的不利因素，各类砌体的强度设计值，当符合表 2.9 所列使用情况时，应乘以调整系数 γ_a。

表 2.9　砌体强度设计值的调整系数

使用情况		γ_a
有吊车房屋砌体、跨度≥9m 的梁下烧结普通砖砌体、跨度≥7.5m 的梁下烧结多孔砖、蒸压灰砂砖、蒸压粉煤灰砖砌体，混凝土和轻骨料混凝土砌块砌体		0.9
构件截面面积 $A<0.3m^2$ 的无筋砌体		0.7+A
构件截面面积 $A<0.2m^2$ 的配筋砌体		0.8+A
采用水泥砂浆砌筑的砌体(若为配筋砌体，仅对砌体的强度设计值乘以调整系数)	对表 11.18～表 11.24 中的数值	0.9
	对表 11.25 中的数值	0.8
验算施工中房屋的构件时		1.1

注：1. 表中构件截面面积 A 以 m^2 计。

　　2. 当砌体同时符合表中所列几种使用情况时，应将砌体的强度设计值连续乘以调整系数 γ_a。

施工阶段砂浆尚未硬化的新砌砌体的强度和稳定性，可按砂浆强度为零进行验算。对于冬期施工采用掺盐砂浆法施工的砌体，砂浆强度等级按常温施工的强度等级提高一级时，砌体强度和稳定性可不验算。配筋砌体不得用掺盐砂浆施工。

2.1.3　砌体结构的耐久性设计

砌体结构的耐久性应根据环境类别和设计使用年限进行设计。砌体结构的耐久性包括两个方面，一是对配筋砌体结构构件中钢筋的保护，二是对砌体材料保护。

环境类别根据表 2.10 划分。

表 2.10　砌体结构的环境类别

环境类别	条　　件
1	正常居住及办公建筑的内部干燥环境
2	潮湿的室内或室外环境，包括与无侵蚀性土和水接触的环境
3	严寒和使用化冰盐的潮湿环境(室内或室外)
4	与海水直接接触的环境或处于滨海地区的盐饱和的气体环境
5	有化学侵蚀的气体、液体或固态形式的环境，包括有侵蚀性土壤的环境

1. 砌体结构构件中钢筋的保护

(1) 当设计使用年限为 50 年时，砌体中钢筋的耐久性选择应符合表 2.11 的规定。

表 2.11 砌体中钢筋耐久性选择

环境类别	钢筋种类和最低保护要求	
	位于砂浆中的钢筋	位于灌孔混凝土中的钢筋
1	普通钢筋	普通钢筋
2	重镀锌或有等效保护的钢筋	当采用混凝土灌孔时，可采用普通钢筋；当采用砂浆灌孔时，应采用重镀锌或有等效保护的钢筋
3	不锈钢或有等效保护的钢筋	重镀锌或有等效保护的钢筋
4 和 5	不锈钢或有等效保护的钢筋	不锈钢或有等效保护的钢筋

注：1. 对夹心墙的外叶墙，应采用重镀锌或有等效保护的钢筋。
   2. 表中的钢筋即为国家现行标准《混凝土结构设计规范》和《冷轧带肋钢筋混凝土结构技术规程》等标准规定的普通钢筋或非预应力钢筋。

灰缝中钢筋外露砂浆保护层的厚度不应小于 15mm；所有钢筋端部均应有与对应钢筋的环境类别条件相同的保护层厚度。对填实的夹心墙或特别的墙体构造，钢筋的最小保护层厚度，应符合下列规定：用于环境类别 1 时，应取 20mm 厚砂浆或灌孔混凝土与钢筋直径较大者；用于环境类别 2 时，应取 20mm 厚灌孔混凝土与钢筋直径较大者；采用重镀锌钢筋时，应取 20mm 厚砂浆或灌孔混凝土与钢筋直径较大者；采用不锈钢筋时，应取钢筋的直径。

(2) 设计使用年限为 50 年时，砌体中钢筋的保护层厚度，应符合下列规定。

① 配筋砌体中钢筋的最小混凝土保护层应符合表 2.12 的规定：

表 2.12 钢筋的最小保护层厚度

环境类别	混凝土强度等级			
	C20	C25	C30	C35
	最低水泥含量			
	260	280	300	320
1	20	20	20	20
2	—	25	25	25
3	—	40	40	30
4	—	—	40	40
5	—	—	—	40

注：1. 材料中最大氯离子含量和最大碱含量应符合现行国家标准《混凝土结构设计规范》的规定。
   2. 当采用防渗砌体块体和防渗砂浆时，可以考虑部分砌体(含抹灰层)的厚度作为保护层，但对环境类别 1、2、3，其混凝土保护层的厚度相应不应小于 10mm、15mm、20mm。
   3. 钢筋砂浆面层的组合砌体构件的钢筋保护层厚度宜比表 2.12 规定的混凝土保护层厚度数值增加 5~10mm。
   4. 对安全等级为一级或设计使用年限为 50 年以上的砌体结构，钢筋保护层的厚度应至少增加 10mm。

②　设计使用年限为 50 年时，夹心墙的钢筋连接件或钢筋网片、连接钢板、锚固螺栓或钢筋，应采用重镀锌或等效的防护涂层，镀锌层的厚度不应小于 290g/m^2；当采用环氧涂层时，灰缝钢筋涂层厚度不应小于 290μm，其余部件涂层厚度不应小于 450μm。

2. 砌体材料要求

设计使用年限为 50 年时，砌体材料应符合最低强度的要求，其要求与 1.1.3 材料选择相同。

课程实训

1. 受压构件的轴力设计值如何计算？
2. 砌体材料强度设计值与强度标准值、强度平均值是什么关系？
3. 砌体结构耐久性设计考虑哪些方面？

2.2　砌体结构房屋的平面布置及墙体设计

砌体结构房屋中的墙、柱自重约占房屋总重的 60%，其费用约占总造价的 40%。因此，墙、柱设计是否合理对满足建筑使用功能要求以及确保房屋的安全、可靠具有十分重要的影响。在砌体结构房屋的设计中，承重墙、柱的布置十分重要。因为承重墙、柱的布置直接影响到房屋的平面划分、空间大小、荷载传递、结构强度、刚度、稳定、造价及施工的难易。

过去我国砌体结构房屋的墙体材料大多数采用黏土砖，由于黏土砖的烧制要占用大量农田，破坏环境资源，近年来国家已经限制了黏土实心砖的使用，主要采用黏土空心砖、蒸压灰砂砖、蒸压粉煤灰砖等墙体材料。

通常将平行于房屋长向布置的墙体称为纵墙；平行于房屋短向布置的墙体称为横墙；房屋四周与外界隔离的墙体称外墙；外横墙又称为山墙；其余墙体称为内墙。

2.2.1　砌体结构房屋的结构布置

在砌体结构房屋的设计中，承重墙、柱的布置不仅影响房屋的平面划分、房间的大小和使用要求，还影响房屋的空间刚度，同时也决定了荷载传递路径。砌体结构房屋中的屋盖、楼盖、内外纵墙、横墙、柱和基础等是主要承重构件，它们互相连接，共同构成承重体系。根据结构的承重体系和荷载的传递路线，房屋的结构布置可分为以下几种方案。

1. 纵墙承重方案

纵墙承重方案是指屋盖、楼盖传来的荷载由纵墙承重的结构布置方案。对于要求有较大空间的房屋(如单层工业厂房、仓库等)或隔墙位置可能变化的房屋，通常无内横墙或横墙间距很大，因而由纵墙直接承受楼面或屋面荷载，从而形成纵墙承重方案，如图 2.1 所示。这种方案房屋的竖向荷载的主要传递路线为：板→梁(屋架)→纵向承重墙→基础→地基。

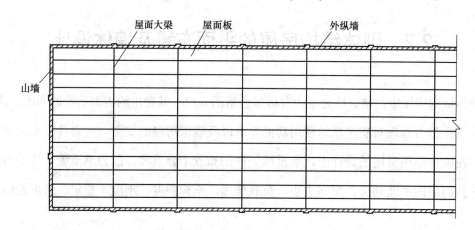

图 2.1　纵墙承重方案

纵墙承重体系的特点如下。

(1) 纵墙是主要的承重墙。横墙的设置主要是为了满足房间的使用要求，保证纵墙的侧向稳定和房屋的整体刚度，因而房屋的划分比较灵活。

(2) 由于纵墙承受的荷载较大，在纵墙上设置的门、窗洞口的大小及位置都受到一定的限制。

(3) 纵墙间距一般比较大，横墙数量相对较少，房屋的空间刚度不如横墙承重体系。

(4) 与横墙承重体系相比，楼盖材料用量相对较多，墙体的材料用量较少。

纵墙承重方案适用于使用上要求有较大空间的房屋(如教学楼、图书馆)以及常见的单层及多层空旷砌体结构房屋(如食堂、俱乐部、中小型工业厂房)等。纵墙承重的多层房屋,特别是空旷的多层房屋,层数不宜过多,因纵墙承受的竖向荷载较大,若层数较多,需显著增加纵墙厚度或采用大截面尺寸的壁柱,这从经济性上或适用性上都不合理。因此,当层数较多、楼面荷载较大时,宜选用钢筋混凝土框架结构。

2．横墙承重方案

房屋的每个开间都设置横墙,楼板和屋面板沿房屋纵向搁置在横墙上。板传来的竖向荷载全部由横墙承受,并由横墙传至基础和地基,纵墙仅承受墙体自重起围护作用。因此这类房屋称为横墙承重方案,如图 2.2 所示。这种方案房屋的竖向荷载的主要传递路线为:楼(屋)面板→横墙→基础→地基。

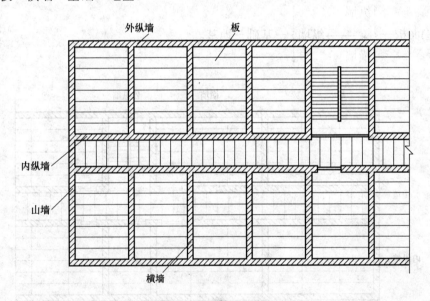

图 2.2　横墙承重方案

横墙承重方案的特点如下。

(1)　横墙是主要的承重墙。纵墙的作用主要是围护、隔断以及与横墙拉结在一起,保证横墙的侧向稳定。由于纵墙是非承重墙,对纵墙上设置门、窗洞口的限制较少,外纵墙的立面处理比较灵活。

(2)　横墙间距较小,一般为 3～4.5m,同时又有纵向拉结,形成良好的空间受力体系,横向刚度大,整体性好。对抵抗沿横墙方向作用的风力、地震作用以及调整地基的不均匀沉降等较为有利。

(3) 由于在横墙上放置预制楼板，结构简单，施工方便，楼盖的材料用量较少，但墙体的用料较多。

(4) 因横墙较密，建筑平面布置不灵活，今后欲改变房屋使用条件，拆除横墙较困难。

横墙承重方案适用于宿舍、住宅、旅馆等居住建筑和由小房间组成的办公楼等。横墙承重方案中，横墙较多，承载力及刚度比较容易满足要求，故可建造较高层的房屋。

3. 纵横墙混合承重方案

纵横墙混合承重方案指屋盖、楼盖传来的荷载由纵墙、横墙承重的结构布置方案，如图 2.3 所示。当建筑物的功能要求房间的大小变化较多时，为了结构布置的合理性，通常采用纵横墙混合承重方案。这种方案房屋的竖向荷载的主要传递路线为：

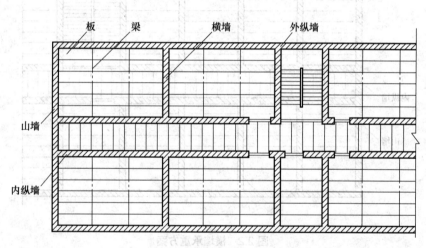

图 2.3 纵横墙混合承重方案

纵横墙混合承重方案的特点如下。

(1) 纵横墙均作为承重构件，使得结构受力较为均匀，能避免局部墙体承载过大。

(2) 由于钢筋混凝土楼板及屋面板可以依据建筑设计的使用功能灵活布置，较好地满足使用要求，结构的整体性较好。

(3) 在占地面积相同的条件下，外墙面积较小。

纵横墙混合承重方案,既可保证有灵活布置的房间,又具有较大的空间刚度和整体性,所以适用于教学楼、办公楼、医院、多层塔式住宅等建筑。

4.底部框架承重方案

当沿街住宅底部为公共房时,在底部可以用钢筋混凝土框架结构同时取代内外承重墙体,框架与上部结构之间的楼层形成结构转换层,成为底部框架承重方案。此时,梁板荷载在上部几层通过内外墙体向下传递,在结构转换层部位,通过钢筋混凝土梁传给柱,再传给基础,如图2.4所示。

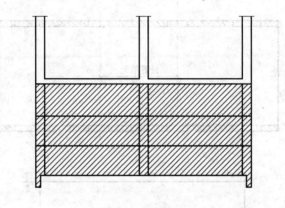

图2.4 底部框架承重方案

底部框架承重方案的特点如下。

(1) 墙和柱都是主要承重构件。以柱代替内外墙体,在使用上可获得较大的使用空间。

(2) 由于底部结构形式的变化,其抗侧刚度发生了明显的变化,成为上部刚度较大,底部刚度较小的上刚下柔结构房屋。

2.2.2 砌体结构房屋的静力计算方案

1.房屋的空间受力性能

砌体结构房屋是由屋盖、楼盖、墙、柱、基础等主要承重构件组成的空间受力体系,共同承担作用在房屋上的各种竖向荷载(结构的自重、屋面、楼面的活荷载)、水平风荷载和地震作用。砌体结构房屋中仅墙、柱为砌体材料,因此墙、柱设计计算即成为本章的两个主要方面的内容。墙体计算主要包括内力计算和截面承载力计算(或验算)。

计算墙体内力首先要确定其计算简图，也就是如何确定房屋的静力计算方案的问题。计算简图既要尽量符合结构实际受力情况，又要使计算尽可能简单。现以单层房屋为例，说明在竖向荷载(屋盖自重)和水平荷载(风荷载)作用下，房屋的静力计算是如何随房屋空间刚度不同而变化的。

情况一：如图 2.5 所示为两端没有设置山墙的单层房屋，外纵墙承重，屋盖为装配式钢筋混凝土楼盖。该房屋的水平风荷载传递路线是：风荷载→纵墙→纵墙基础→地基；竖向荷载的传递路线是：屋面板→屋面梁→纵墙→纵墙基础→地基。

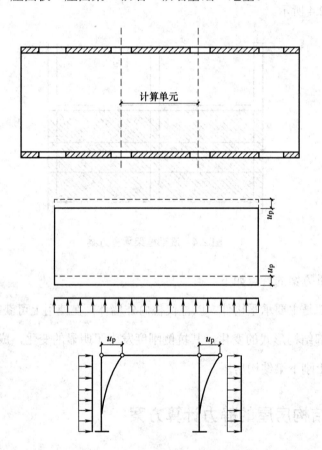

图 2.5 无山墙单跨房屋的受力状态及计算简图

假定作用于房屋的荷载是均匀分布的，外纵墙的刚度是相等的，因此在水平荷载作用下整个房屋墙顶的水平位移是相同的。如果从其中任意取出一单元，则这个单元的受力状态将和整个房屋的受力状态一样。因此，可以用这个单元的受力状态来代表整个房屋的受力状态，这个单元称为计算单元。

在这类房屋中，荷载作用下的墙顶位移主要取决于纵墙的刚度，而屋盖结构的刚度只是保证传递水平荷载时两边纵墙位移相同。如果把计算单元的纵墙看作排架柱、屋盖结构看作横梁，把基础看作柱的固定支座，屋盖结构和墙的连接点看作铰结点，则计算单元的受力状态就如同一个单跨平面排架，属于平面受力体系，其静力分析可采用结构力学的分析方法。

情况二：如图 2.6 所示为两端设置山墙的单层房屋。在水平荷载作用下，屋盖的水平位移受到山墙的约束，水平荷载的传递路线发生了变化。屋盖可以看作是水平方向的梁(跨度为房屋长度，梁高为屋盖结构沿房屋横向的跨度)，两端弹性支承在山墙上，而山墙可以看作竖向悬臂梁支承在基础上。因此，该房屋的水平风荷载传递路线是：

$$风荷载 \rightarrow 纵墙 \rightarrow \left\{ \begin{array}{l} 屋盖结构 \rightarrow 山墙 \rightarrow 山墙基础 \\ 纵墙基础 \end{array} \right\} \rightarrow 地基$$

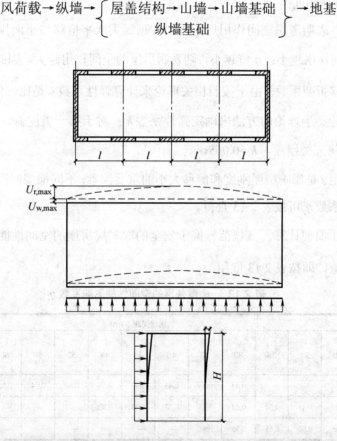

图 2.6 有山墙单跨房屋在水平力作用下的变形情况

从上面的分析可以清楚地看出：这类房屋，风荷载的传递体系已经不是平面受力体系而是空间受力体系。此时，墙体顶部的水平位移不仅与纵墙自身刚度有关，而且与屋盖结构水平刚度和山墙顶部水平方向的位移有关。

可以用空间性能影响系数 η 来表示房屋空间作用的大小。假定屋盖在水平面内是支承于横墙上的剪切型弹性地基梁，纵墙(柱)为弹性地基，由理论分析可以得到空间性能影响系数为：

$$\eta = \frac{\mu_s}{\mu_p} = 1 - \frac{1}{chks} \leqslant 1 \tag{2.9}$$

式中：μ_s——考虑空间工作时，外荷载作用下房屋排架水平位移的最大值；

μ_p——外荷载作用下，平面排架的水平位移值；

k——屋盖系统的弹性系数，取决于屋盖的刚度；

s——横墙的间距。

η 值越大，表明考虑空间作用后的排架柱顶最大水平位移与平面排架的柱顶位移越接近，房屋的空间作用越小；η 值越小，则表明房屋的空间作用越大。因此，η 又称为考虑空间作用后的侧移折减系数。由于按照相关理论来计算弹性系数 k 是比较困难的，为此，《规范》采用半经验、半理论的方法来确定弹性系数 k：对于第一类屋盖，$k=0.03$；第二类屋盖，$k=0.05$；第三类屋盖，$k=0.065$。

横墙的间距 s 是影响房屋刚度和侧移大小的重要因素，不同横墙间距的房屋的各层空间工作性能影响系数 η_i 可按表 2.13 查得。

此外，为了简便计算，《规范》偏于安全的取多层房屋的空间性能影响系数 η_i 与单层房屋相同的数值，即按表 2.13 取用。

表 2.13　房屋各层的空间性能影响系数 η_i

屋盖或楼盖类别	横墙间距 S (m)														
	16	20	24	28	32	36	40	44	48	52	56	60	64	68	72
1	—	—	—	0.33	0.39	0.45	0.50	0.55	0.60	0.64	0.68	0.71	0.74	0.77	
2	—	0.35	0.45	0.54	0.61	0.68	0.73	0.78	0.82	—	—	—	—	—	—
3	0.37	0.49	0.60	0.68	0.75	0.81	—	—	—	—	—	—	—	—	—

注：i 取 $1 \sim n$，n 为房屋的层数。

2. 房屋静力计算方案的划分

影响房屋空间性能的因素很多，除上述的屋盖刚度和横墙间距外，还有屋架的跨度、排架的刚度、荷载类型及多层房屋层与层之间的相互作用等。《规范》为方便计算，仅考虑屋盖刚度和横墙间距两个主要因素的影响，按房屋空间刚度(作用)大小，将砌体结构房屋静力计算方案分为三种，如表 2.14 所示。

表 2.14　房屋的静力计算方案

	屋盖或楼盖类别	刚弹性方案	弹性方案	刚性方案
1	整体式、装配整体式和装配式无檩体系钢筋混凝土屋盖或钢筋混凝土楼盖	$s < 32$	$32 \leqslant s \leqslant 72$	$s > 72$
2	装配式有檩体系钢筋混凝土屋盖、轻钢屋盖和有密铺望板的木屋盖或楼盖	$s < 20$	$20 \leqslant s \leqslant 48$	$s > 48$
3	瓦材屋面的木屋盖和轻钢屋盖	$s < 16$	$16 \leqslant s \leqslant 36$	$s > 36$

注：1.　表中 s 为房屋横墙间距，其长度单位为 m。

　　2.　当多层房屋的屋盖、楼盖类别不同或横墙间距不同时，可按本表规定分别确定各层(底层或顶部各层)房屋的静力计算方案。

　　3.　对无山墙或伸缩缝无横墙的房屋，应按弹性方案考虑。

1) 刚性方案

房屋的空间刚度很大，在水平风荷载作用下，墙、柱顶端的相对位移 $u_s / H \approx 0$(H 为纵墙高度)。此时屋盖可看成纵向墙体上端的不动铰支座，墙柱内力可按上端有不动铰支承的竖向构件进行计算，这类房屋称为刚性方案房屋。这种房屋的横墙间距较小，楼盖和屋盖的水平刚度较大，房屋的空间刚度也较大，因而在水平荷载作用下房屋墙、柱顶端的相对位移 u_s / H 很小，房屋的空间性能影响系数 $\eta < 0.33$。混合结构的多层教学楼、办公楼、宿舍、医院、住宅等一般均属刚性方案房屋。

2) 弹性方案

房屋的空间刚度很小，即在水平风荷载作用下 $u_s \approx u_p$，墙顶的最大水平位移接近于平面结构体系，其墙柱内力计算应按不考虑空间作用的平面排架或框架计算，这类房屋称为弹性方案房屋。这种房屋横墙间距较大、屋(楼)盖的水平刚度较小，房屋的空间性能影响系数 $\eta > 0.82$。混合结构的单层厂房、仓库、礼堂、食堂等多属于弹性方案房屋。

3) 刚弹性方案

房屋的空间刚度介于上述两种方案之间，在水平风荷载作用下 $0 < u_s < u_p$，纵墙顶端水平位移比弹性方案要小，但又不可忽略不计，其受力状态介于刚性方案和弹性方案之间。这时墙柱内力计算应按考虑空间作用的平面排架或框架计算，这类房屋称为刚弹性方案房

屋。这种房屋在水平荷载作用下，墙、柱顶端的相对水平位移较弹性方案房屋的小，但又不可忽略不计，房屋的空间性能影响系数为 $0.33<\eta<0.82$。刚弹性方案房屋墙柱的内力计算，可根据房屋刚度的大小，将其水平荷载作用下的反力进行折减，然后按平面排架或框架计算。

在设计多层砌体结构房屋时，不宜采用弹性方案，否则会造成房屋的水平位移较大，当房屋高度增大时，可能会因为房屋的位移过大而影响结构的安全。

3. 刚性和刚弹性方案房屋的横墙要求

由前面的分析可知，刚性方案和刚弹性方案房屋中的横墙应具有足够的刚度，为此，刚性方案和刚弹性方案房屋的横墙应符合下列条件。

(1) 横墙的厚度不宜小于 180mm。

(2) 横墙中开有洞门时，洞口的水平截面面积不应超过横墙截面面积的 50%。

(3) 单层房屋的横墙长度不宜小于其高度，多层房屋的横墙长度不宜小于 $H/2$(H 为横墙总高度)。

当横墙不能同时符合上述要求时，应对横墙的刚度进行验算。如其最大水平位移值 $u_{max} \leqslant H/4000$(H 为横墙总高度)时，仍可视作刚性和刚弹性方案房屋的横墙；凡符合此刚度要求的一段横墙或其他结构构件(如框架等)，也可以视作刚性或刚弹性方案房屋的横墙。

横墙在水平集中力 F 作用下产生剪切变形(u_v)和弯曲变形(u_b)，故总水平位移由两部分组成。对于单层单跨房屋，计算水平位移时，可将其视作竖向悬臂梁,如纵墙受均布风荷载作用，且当横墙上门窗洞口的水平截面面积不超过其水平全截面面积的 75%时，横墙顶点的最大水平位移 u_{max} 可按下式计算(如图 2.7 所示)。

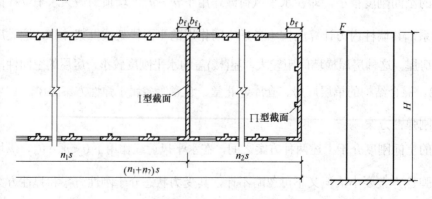

图 2.7 单层房屋横墙简图

$$u_{\max} = u_{\mathrm{v}} + u_{\mathrm{b}} = \frac{FH^3}{3EI} + \frac{\zeta FH}{GA} \tag{2.10}$$

$$G = \frac{E}{2(1+\mu)} = 0.4E$$

式中：F——作用于横墙顶端的水平集中荷载；

　　　H——横墙总高度；

　　　E——砌体的弹性模量；

　　　I——横墙的惯性矩，考虑转角处有纵墙共同工作时按 I 型或[型截面计算，但从
　　　　　　横墙中心线算起的翼缘宽度每边取 $b_{\mathrm{f}} \leqslant 0.3H$；

　　　ζ——剪应力分布不均匀和墙体洞口影响的折算系数，近似取 2.0；

　　　G——砌体的剪变模量；

　　　A——横墙毛截面面积。

2.2.3　单层房屋的墙体计算

1．墙、柱的计算高度

对墙、柱进行内力分析、承载力计算或验算高厚比时所采用的高度，称为计算高度。
它是由墙、柱的实际高度 H，并根据房屋类别和构件两端的约束条件来确定的。砌体结构
房屋墙、柱的计算高度 H_0 与房屋的静力计算方案和墙、柱周边支承条件等有关。刚性方案
房屋的空间刚度较大，而弹性方案房屋的空间刚度较差，因此刚性方案房屋的墙、柱计算
高度往往比弹性方案房屋的小；对于带壁柱墙或周边有拉结的墙，其横墙间距 s 的大小与墙
体稳定条件有关。为此，墙、柱计算高度 H_0 应根据房屋类别和墙、柱支承条件等因素按表
2.15 的规定采用。

表 2.15　受压构件的计算高度 H_0

房屋类型			柱		带壁柱墙或周边拉结的墙		
			排架方向	垂直排架方向	$s>2H$	$2H \geqslant s>H$	$s \leqslant H$
有吊车的单层房屋	变截面柱上段	弹性方案	$2.5H_{\mathrm{u}}$	$1.25H_{\mathrm{u}}$	$2.5H_{\mathrm{u}}$		
		刚性、刚弹性方案	$2.0H_{\mathrm{u}}$	$1.25H_{\mathrm{u}}$	$2.0H_{\mathrm{u}}$		
	变截面柱下段		$1.0H_{\mathrm{l}}$	$0.8H_{\mathrm{l}}$	$1.0H_{\mathrm{l}}$		

续表

房屋类型			柱		带壁柱墙或周边拉结的墙		
			排架方向	垂直排架方向	$s>2H$	$2H \geqslant s>H$	$s \leqslant H$
无吊车的单层房屋和多层房屋	单跨	弹性方案	1.5H	1.0H	1.5H		
		刚弹性方案	1.2H	1.0H	1.2H		
	多跨	弹性方案	1.25H	1.0H	1.25H		
		刚弹性方案	1.10H	1.0H	1.10H		
	刚性方案		1.0H	1.0H	1.0H	0.4s+0.2H	0.6s

注：1. 表中 H_u 为变截面柱的上段高度；H_l 为变截面柱的下段高度。

2. 对于上端为自由端的构件，$H_0 = 2H$。

3. 对独立柱，当无柱间支撑时，柱在垂直排架方向的 H_0 应按表中数值乘以 1.25 后采用。

4. s —房屋横墙间距。

5. 自承重墙的计算高度应根据周边支承或拉接条件确定。

6. 表中的构件高 H 应按下列规定采用：在房屋底层，为楼板顶面到构件下端支点的距离，下端支点的位置可取在基础顶面，当埋置较深且有刚性地坪时，可取室外地面下 500mm 处；在房屋的其他层，为楼板或其他水平支点间的距离；对于无壁柱的山墙，可取层高加山墙尖高度的 1/2；对于带壁柱山墙可取壁柱处山墙的高度。

2. 单层刚性方案房屋承重纵墙的计算

由前述分析可知，单层房屋为刚性方案时，其纵墙顶端的水平位移在静力分析时可以认为为零。内力计算可采用下列假定(如图 2.8 所示)。

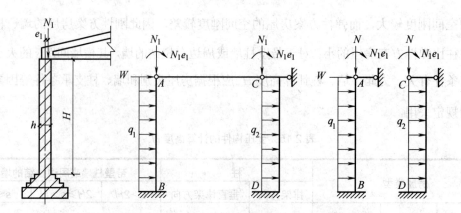

图 2.8　单层刚性方案房屋承重纵墙的计算简图

(1) 纵墙、柱下端在基础顶面处固接，上端与屋面大梁(或屋架)铰接。

(2) 屋盖结构可视为纵墙上端的不动铰支座。

　　根据上述假定，每片纵墙就可以按上端支承在不动铰支座和下端支承在固定支座上的竖向构件单独进行计算，使计算工作大为简化。

　　作用于结构上的荷载及内力计算如下。

　　1)　屋面荷载作用

　　屋面荷载包括屋盖构件自重，屋面活荷载或雪荷载，这些荷载通过屋架或屋面大梁以集中力的形式作用于墙体顶端。通常情况下，屋架或屋面大梁传至墙体顶端集中力 N_1 的作用点，对墙体中心线有一个偏心距 e_1，所以作用于墙体顶端的屋面荷载由轴心压力 N_1 和弯矩 $M = N_1 e_1$ 组成，由此可计算出其内力(如图 2.9 所示)。

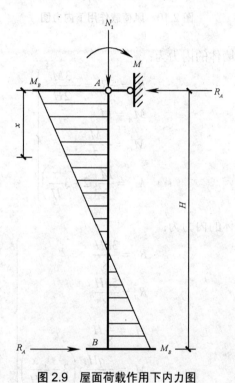

图 2.9　屋面荷载作用下内力图

　　2)　风荷载作用

　　风荷载包括作用于屋面上和墙面上的风荷载两部分组成。屋面上的风荷载(包括作用在女儿墙上的风荷载)一般简化为作用于墙、柱顶端的集中荷载 W，对于刚性方案房屋，W 已通过屋盖直接传至横墙，再由横墙传至基础后传给地基，所以在纵墙上不产生内力。墙面风荷载为均布荷载 q，应考虑两种风向，即按迎风面(压力)、背风面(吸力)分别考虑，如图 2.10 所示。

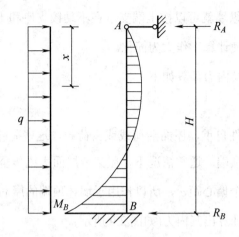

图 2.10　风荷载作用下内力图

在屋面荷载作用下，墙体的内力为：

$$\left.\begin{aligned} R_A &= -R_A = -\frac{3M}{2H} \\ M_A &= M \\ M_B &= -\frac{M}{2} \\ M_x &= \frac{M}{2}\left(2 - 3\frac{x}{H}\right) \end{aligned}\right\} \tag{2.11}$$

在风荷载作用下，墙体的内力为：

$$\left.\begin{aligned} R_A &= \frac{3qH}{8} \\ R_B &= \frac{5qH}{8} \\ M_B &= \frac{q}{8}H^2 \\ M_x &= -\frac{qH}{8}x\left(3 - 4\frac{x}{H}\right) \end{aligned}\right\} \tag{2.12}$$

3)　墙体自重

墙体自重包括砌体、内外粉刷及门窗的自重，作用于墙体的轴线上。当墙柱为等截面时，自重不引起弯矩；当墙柱为变截面时，上阶柱自重 G_1 对下阶柱各截面产生弯矩 $M_1 = G_1 e_1$（e_1 为上下阶柱轴线间距离）。因 M_1 在施工阶段就已经存在，应按悬臂柱计算。

4)　控制截面及内力组合

在进行承重墙、柱设计时，应先找出墙柱的控制截面，再求出多种荷载作用下的内力，然后根据荷载规范考虑多种荷载组合，求出控制截面的内力组合，最后选出各控制截面的最不利内力进行墙柱承载力验算。

墙截面宽度取窗间墙宽度。其控制截面为墙柱顶端Ⅰ—Ⅰ截面、上阶墙柱下端Ⅱ—Ⅱ或者与基础顶面反号的最大变矩的Ⅱ—Ⅱ截面和风荷载作用下的最大弯矩 M_{max} 对应的Ⅲ—Ⅲ截面(如图 2.11 所示)。Ⅰ—Ⅰ截面既有轴力 N 又有弯矩 M，按偏心受压验算承载力，同时还需验算梁下的砌体局部受压承载力；Ⅱ—Ⅱ、Ⅲ—Ⅲ截面均按偏心受压验算承载力。

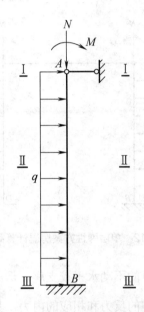

图 2.11 控制截面

设计时，应先求出各种荷载单独作用下的内力，然后按照可能同时作用的荷载产生的内力进行组合，求出上述控制截面中的控制内力，作为选择墙柱截面尺寸和作为承载力验算的依据。

根据荷载规范，在一般混合结构单层房屋中，采用下列三种荷载组合。

(1) 恒荷载+风荷载。

(2) 恒荷载+活荷载(除风荷载外的活荷载)。

(3) 恒荷载+0.9 活荷载(包括风荷载)。

3. 单层弹性方案房屋承重纵墙的计算

由于单层弹性方案房屋的横墙间距大，空间刚度很小，因此墙、柱内力可按屋架或屋面大梁与墙(柱)铰接、不考虑空间作用的有侧移的平面排架计算,并采用以下假定。

(1) 屋架(或屋面梁)与墙、柱顶端铰接,下端嵌固于基础顶面。

(2) 屋架(或屋面梁)可视为刚度无限大的系杆,在轴力作用下无拉伸或压缩变形,故在荷载作用下,柱顶水平位移相等。

取一个开间为计算单元,其计算简图如图 2.12 所示,并按有侧移的平面排架进行内力分析,计算步骤如下。

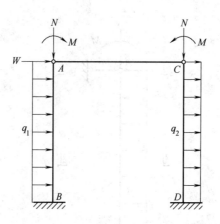

图 2.12　单层弹性方案房屋计算简图

(1) 先在排架上端加一个假设的不动水平铰支座,形成无侧移的平面排架(图 2.14(b)),计算出此时假设的不动水平铰支座的反力和相应的内力,其内力分析和刚性方案相同。

(2) 把已求出的假设柱顶支座反力反向作用于排架顶端,求出这种受力情况下的内力。

(3) 将上述两种结果进行叠加,抵消了假设的柱顶反力,仍为有侧移平面排架,可得到按弹性方案计算结果。

现以单层单跨等截面柱的弹性方案房屋为例,说明其内力计算方法。

1) 屋盖荷载作用

如图 2.13 所示的单层单跨等高房屋,当屋盖荷载对称时,排架柱顶将不产生侧移。因此内力计算与刚性方案相同,即:

$$\left.\begin{array}{l} M_A = M_C = M \\ M_B = M_D = -\dfrac{M}{2} \\ M_x = -\dfrac{M}{2}\left(2 - 3\dfrac{x}{H}\right) \end{array}\right\} \tag{2.13}$$

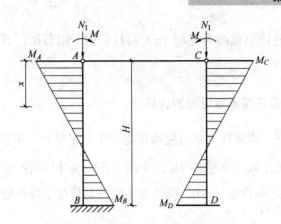

图 2.13 屋盖荷载作用下的内力

2) 风荷载作用

在风荷载作用下排架产生侧移。假定在排架顶端加一个不动铰支座(图 2.14(b)),与刚性方案相同。由图 2.14 可得:

$$\left.\begin{array}{l} R = W + \dfrac{3}{8}(q_1 + q_2)H \\[2mm] M_{B(b)} = \dfrac{1}{8}q_1H^2 \\[2mm] M_{D(b)} = \dfrac{1}{8}q_2H^2 \end{array}\right\} \tag{2.14}$$

将反力 R 反向作用于排架顶端,由图 2.14(c)可得:

$$\left.\begin{array}{l} M_{B(c)} = \dfrac{1}{2}RH = \dfrac{H}{2}\left[W + \dfrac{3}{8}(q_1 + q_2)H\right] = \dfrac{WH}{2} + \dfrac{3}{16}H^2(q_1 + q_2) \\[2mm] M_{D(c)} = \dfrac{1}{2}RH = \dfrac{WH}{2} + \dfrac{3}{16}H^2(q_1 + q_2) \end{array}\right\} \tag{2.15}$$

叠加式(2.14)和式(2.15)可得内力为:

$$\left.\begin{array}{l} M_B = M_{B(b)} + M_{B(c)} = \dfrac{WH}{2} + \dfrac{5}{16}q_1H^2 + \dfrac{3}{16}q_2H^2 \\[2mm] M_D = M_{D(b)} + M_{D(c)} = \dfrac{WH}{2} + \dfrac{3}{16}q_1H^2 + \dfrac{5}{16}q_2H^2 \end{array}\right\} \tag{2.16}$$

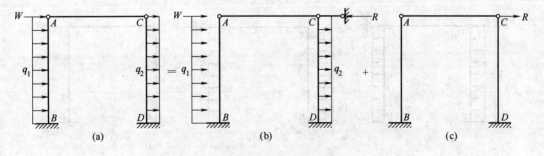

图 2.14 风荷载作用下的内力

弹性方案房屋墙柱控制截面为柱顶 I—I 及柱底Ⅲ—Ⅲ截面，其承载力验算与刚性方案相同。

4. 单层刚弹性方案房屋承重纵墙的计算

在水平荷载作用下，刚弹性方案房屋墙顶将产生水平位移，但侧移值比弹性方案房屋小，但不能忽略。因此计算时应考虑房屋的空间工作，其计算简图采用在平面排架(弹性方案)的柱顶加一个弹性支座(图 2.15(a))。弹性支座刚度与房屋空间性能影响系数 η 有关。

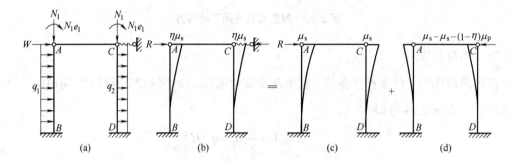

图 2.15　单层刚弹性方案计算简图

当水平集中力作用于排架柱顶时，由于空间作用的影响，柱顶水平侧移 $\mu_s = \eta\mu_p$，较平面排架的柱顶水平侧移 μ_p 减小，其差值为：

$$\mu_p - \mu_s = (1-\eta)\mu_p \tag{2.17}$$

设 x 为弹性支座反力，根据位移与内力成正比的关系可以求出此反力 x，即

$$\mu_p : (1-\eta)\mu_p = R : x \tag{2.18}$$

则

$$x = (1-\eta)R \tag{2.19}$$

因此，对于刚弹性方案单层房屋的内力计算，只需在弹性方案房屋的计算简图上，加上一个由空间作用引起的弹性支座反力 $x = (1-\eta)R$ 的作用即可。刚弹性方案房屋墙柱内力计算步骤如下(如图 2.16 所示)。

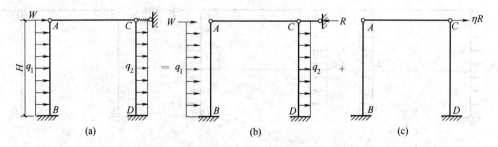

图 2.16　刚弹性方案单层房屋的内力计算

(1) 先在排架的顶端附加一个假设的不动铰支座(图 2.16(b)),计算出假设的不动铰支座反力 R 及相应内力(同弹性方案计算的第 1 步)。

(2) 把假设附加反力 R 反向作用于排架顶端,并与柱顶弹性支座反力 $x=(1-\eta)R$ 进行叠加,即相当于在排架柱顶端反向作用 $R-(1-\eta)R=\eta R$ 的反力(图 2.16(c)),然后求出其墙柱内力。η 为空间性能影响系数(查表取用)。

(3) 把上述两种情况的内力计算结果叠加,即得到按刚弹性方案房屋的内力计算结果。

现以单层单跨等截面柱的刚弹性方案房屋为例,说明其内力计算方法。

1) 屋盖荷载

由于屋盖荷载为对称荷载,排架柱顶无水平位移,所以其内力计算完全同弹性方案的计算方法。

2) 风荷载

计算方法类似于弹性方案,由(图 2.16(b)、(c))两部分内力叠加得到。

$$
\left.\begin{aligned}
M_B &= \frac{\eta WH}{2} + \left(\frac{1}{8}+\frac{3\eta}{16}\right)q_1H^2 + \frac{3\eta}{16}q_2H^2 \\
M_D &= -\left[\frac{\eta WH}{2} + \frac{3\eta}{16}q_1H^2 + \left(\frac{1}{8}+\frac{3\eta}{16}\right)q_2H^2\right]
\end{aligned}\right\}
\tag{2.20}
$$

刚弹性方案房屋墙柱控制截面为柱顶 I—I 及柱底Ⅲ—Ⅲ截面,其承载力验算与刚性方案相同。

2.2.4 多层房屋承重墙的计算

1. 多层刚性方案房屋承重纵墙的计算

1) 计算单元的选取

混合结构房屋纵墙一般较长,设计时可仅取一段有代表性的墙柱(一个开间)作为计算单元。一般情况下,计算单元的受荷宽度为一个开间 $\frac{l_1+l_2}{2}$,如图 2.17 所示。

有门窗洞口时,内外纵墙的计算截面宽度 B 一般取一个开间的门间墙或窗间墙;无门窗洞口时计算截面宽度 B 取 $(l_1+l_2)/2$;如壁柱间的距离较大且层高较小时,B 可按下式取用。

$$
B = b + \frac{2}{3}H \leqslant \frac{l_1+l_2}{2}
\tag{2.21}
$$

式中：b——壁柱宽度。

2) 竖向荷载作用下的计算

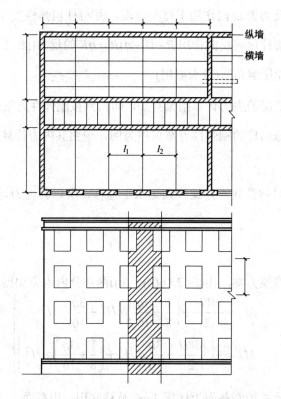

纵墙
横墙

l_1　l_2

图 2.17　多层刚性方案房屋的计算单元

在竖向荷载作用下，多层刚性方案房屋的承重墙如同一竖向连续梁，屋盖、楼盖及基础顶面作为连续梁的支承点。由于屋盖、楼盖中的梁或板伸入墙内搁置，致使墙体的连续性受到削弱，因此在支承点处所能传递的弯矩很小。为了简化计算，假定连续梁在屋盖、楼盖处为铰接。在基础顶面处的轴向力远比弯矩大，所引起的偏心距 $e=M/N$ 也很小，按轴心受压和偏心受压的计算结果相差不大，因此，墙体在基础顶面处也可假定为铰接，如图 2.18 所示。这样，在竖向荷载作用下，刚性方案多层房屋的墙体在每层高度范围内，均可简化为两端铰接的竖向构件进行计算。

按照上述假定，多层房屋上下层墙体在楼盖支承处均为铰接。在计算某层墙体时，以上各层荷载传至该层墙体顶端支承截面处的弯矩为零；而所计算层的墙体顶端截面处，由楼盖传来的竖向力则应考虑其偏心距。

以图 2.19 三层办公楼的第二层和第一层墙为例，来说明其在竖向荷载作用下内力计算方法。

(1)　对第二层墙(如图 2.19 所示)。

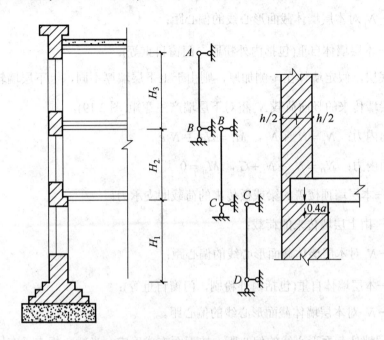

图 2.18　竖向荷载作用下墙体计算简图

上端截面内力：$N_\text{I} = N_\text{u} + N_\text{e}$，$M_\text{I} = N_\text{I} e_1$

下端截面内力：

$$N_\text{II} = N_\text{u} + N_\text{I} + G，\quad M_\text{II} = 0 \tag{2.22}$$

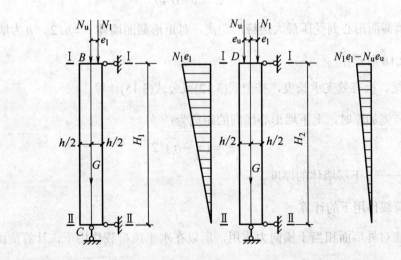

图 2.19　竖向荷载作用下墙体受力分析

式中：N_1——本层墙顶楼盖的梁或板传来的荷载即支承力；

N_u——由上层墙传来的荷载；

e_1——N_1对本层墙体截面形心线的偏心距；

G——本层墙体自重(包括内外粉刷，门窗自重等)。

(2) 对底层，假定墙体在一侧加厚，则由于上下层墙厚不同，上下层墙轴线偏离e_u。因此，由上层墙传来的竖向荷载N_u将对下层墙产生弯矩(图2.19)。

上端截面内力：$N_I = N_u + N_1$，$M_I = N_1e_1 - N_ue_u$

下端截面内力：$N_{II} = N_u + N_1 + G$，$M_{II} = 0$ (2.23)

式中：N_1——本层墙顶楼盖的梁或板传来的荷载即支承力；

N_u——由上层墙传来的荷载；

e_1——N_1对本层墙体截面形心线的偏心距；

G——本层墙体自重(包括内外粉刷，门窗自重等)；

e_u——N_u对本层墙体截面形心线的偏心距。

N_1对本层墙体截面形心线的偏心距e_1按下面方式确定：当梁、板支承在墙体上时，有效支承长度为a_0，由于上部墙体压在梁或板上面阻止其端部上翘，使N_1作用点内移。《规范》规定这时取N_1作用点距墙体内边缘$0.4a_0$处(如图2.18所示)。因此，N_1对墙体截面产生的偏心距e_1为：

$$e_1 = y - 0.4a_0 \quad\quad\quad (2.24)$$

式中：y——墙截面形心到受压最大边缘的距离，对矩形截面墙体$y = h/2$，h为墙厚(如图2.18所示)；

a_0——梁、板有效支承长度，按公式(3.12)或公式(3.15)计算。

当墙体在一侧加厚时，上下墙形心线间的距离为：

$$e_u = (h_2 - h_1)/2 \quad\quad\quad (2.25)$$

式中：h_1，h_2——上下层墙体的厚度。

3) 水平荷载作用下的计算

由于风荷载对外墙面相当于横向力作用，所以在水平风荷载作用下，计算简图为一竖向连续梁，屋盖、楼盖为连续梁的支承，并假定沿墙高承受均布线荷载ω(如图2.20所示)，其引起的弯矩可近似按下式计算。

$$M = \frac{1}{12}\omega H_i^2 \tag{2.26}$$

式中：ω——沿楼层高均布风荷载的设计值(kN/m)，

H_i——第 i 层墙高，即第 i 层层高。

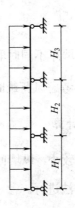

图 2.20　风荷载作用下的计算简图

计算时应考虑左右风，使得与风荷载作用下计算的弯矩组合值绝对值最大。

对于刚性方案多层房屋外墙，当符合下列要求时，静力计算可不考虑风荷载的影响。

(1) 洞口水平截面面积不超过全截面面积的 2/3。

(2) 层高和总高不超过表 2.16 的规定。

(3) 屋面自重不小于 0.8kN/m²。

表 2.16　外墙不考虑风荷载影响时的最大高度

基本风压值(kN/m²)	层高(m)	总高(m)
0.4	4.0	28
0.5	4.0	24
0.6	4.0	18
0.7	3.5	18

注：对于多层砌块房屋不小于 190mm 厚的外墙，当层高不大于 2.8m，总高不大于 19.6m，基本风压不大于 0.7kN/m² 时可不考虑风荷载的影响。

当楼面梁支承于墙上时，梁端上下的墙体对梁端转动有一定的约束作用，因而梁端也有一定的约束弯矩。当梁的跨度较小时，约束弯矩可以忽略；但当梁的跨度较大时，约束弯矩不可忽略。约束弯矩将在梁端上、下墙体内产生弯矩，使墙体偏心距增大(曾出现过因梁端约束弯矩较大引起的事故)，为防止这种情况，《规范》规定：对于梁跨度大于 9m 的墙承重的多层房屋，除按上述方法计算墙体承载力外，宜再按梁两端固结计算梁端弯矩，再将其乘以修正系数 γ 后，按墙体线刚度分到上层墙底部和下层墙顶部。修正系数 γ 可按下列公式计算。

$$\gamma = 0.2\sqrt{\frac{a}{h}} \tag{2.27}$$

式中：a——梁端实际支承长度；

　　　　h——支承墙体的墙厚，当上下墙厚不同时取下部墙厚，当有壁柱时取 h_T。

此时 Ⅱ—Ⅱ 截面的弯矩不为零，不考虑风荷载时也应按偏心受压计算。

2. 多层刚性方案房屋承重横墙的计算

在以横墙承重的房屋中，横墙间距较小，纵墙间距(房间的进深)亦不大，一般情况均属于刚性方案房屋。承载力计算按下列方法进行。

1) 计算单元和计算简图

刚性方案房屋的横墙承受屋盖和楼盖传来的均布线荷载，通常取单位宽度($b=1000\text{mm}$)的横墙作为计算单元；一般屋盖和楼盖构件搁置在横墙上，因而屋面板和楼板可视为横墙的侧向支承，另外，同时墙两侧楼板伸入墙身，较纵墙更加削弱了墙体在该处的整体性。在底层墙与基础连接处，墙体整体性虽未削弱，但由于上部传来的轴向力与该处弯矩相比大很多，因此计算简图可简化为每层横墙视为两端不动铰接的竖向构件(如图 2.21 所示)，构件的高度一般取为层高。但对于底层，取基础顶面至楼板顶面的距离，基础埋置较深且有刚性地坪时，可取室外地面下 500mm 处；对于顶层为坡屋顶时，则取层高加上山尖高度的一半。

2) 控制截面的承载力验算

横墙承受的荷载也和纵墙一样，但对中间墙则承受两边楼盖传来的竖向力，即 N_u、N_{11}、N_{12}、G (如图 2.21 所示)，其中 N_{11}、N_{12} 分别为横墙左、右两侧楼板传来的竖向力。当由横墙两边的恒载和活载引起的竖向力相同时，沿整个横墙高度都承受轴心压力，横墙的控制截面应取该层墙体的底部。否则，应按偏心受压验算横墙顶部的承载力。当横墙上有洞口时应考虑洞口削弱的影响。对直接承受风荷载的山墙，其计算方法与纵墙相同。

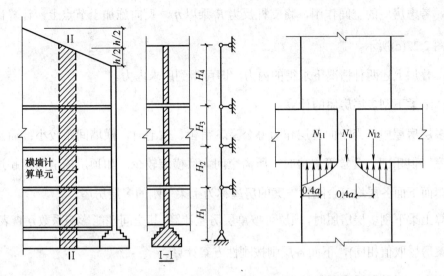

图 2.21　多层刚性方案房屋承重横墙的计算简图

3. 多层刚弹性方案房屋的计算

1)　多层刚弹性方案房屋的静力计算方法

多层房屋由屋盖、楼盖和纵、横墙组成空间承重体系，除了在纵向各开间有空间作用之外，各层之间亦有相互约束的空间作用。

在水平风荷载作用下，刚弹性方案多层房屋墙、柱的内力分析，可按照单层刚弹性方案房屋，考虑空间性能影响系数 η(查表，与单层方案房屋取值相同)，取多层房屋的一个开间为计算单元，作为平面排架的计算简图(图 2.22(a))，按下述方法进行。

(1)　在平面排架的计算简图中，多层横梁与柱连接处加一水平铰支杆，计算其在水平荷载作用下无侧移时的内力和各支杆反力 R_i(i =1，2，…，n)，如图 2.22(b)所示。

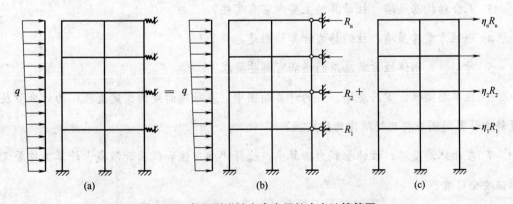

图 2.22　多层刚弹性方案房屋的内力计算简图

(2) 考虑房屋的空间作用，将支杆反力 R_i 乘以 η，反向施加于节点上，计算出排架内力，如图 2.22(c)所示。

(3) 叠加上述两种情况下求得的内力，即可得到所求内力。

2) 上柔下刚多层房屋的计算

在多层房屋中，当下面各层作为办公室、宿舍、住宅时，横墙间距较小；而当顶层作为会议室、俱乐部、食堂等用房时，所需空间大，横墙较少。如顶层横墙间距超过刚性方案限值，而下面各层均符合刚性方案的房屋称为上柔下刚的多层房屋。

计算上柔下刚多层房屋时，顶层可按单层房屋计算，其空间性能影响系数 η 查表取用(与单层方案房屋取值相同)，下面各层则按刚性方案计算。

3) 上刚下柔多层房屋的计算

在多层房屋中，当底层用作商店、食堂、娱乐室，而上部各层用作住宅、办公楼等时，其底层横墙间距超过刚性方案限值，而上面各层均符合刚性方案的房屋称为上刚下柔的多层房屋。由于上刚下柔多层房屋存在着显著的刚度突变，在构造处理不当时存在着整体失效的可能性，况且通过适当的结构布置，如增加横墙，可成为符合刚性方案的房屋结构，既经济又安全。因此新《规范》取消了该结构方案。

课程实训

1. 在混合结构房屋中，按照墙体的结构布置分为哪几种承重方案？ 其特点是什么？
2. 如何确定房屋的静力计算方案？
3. 混合结构房屋墙、柱计算的主要内容有哪些？
4. 刚性方案房屋墙、柱的静力计算简图是怎样的？
5. 对刚性、刚弹性方案房屋的横墙有哪些要求？
6. 在单层刚性方案房屋墙、柱的计算简图中，基础顶面处为固定支座，为什么多层房屋静力计算简图中将此处简化为铰支座？
7. 在砌体房屋墙、柱的承载力验算中，选择哪些部位和截面既能减少计算工作量又能保证安全可靠？

2.3 砌体结构构件的高厚比验算

砌体结构构件静力计算主要包括墙身高厚比验算、受压承载力计算、局部受压承载力计算、受剪承载力计算、受拉承载力计算和受弯承载力计算。

砌体结构房屋中的墙、柱均是受压构件，除了应满足承载力的要求外，还必须保证其稳定性，因此《规范》规定：用验算墙、柱高厚比的方法来保证墙、柱的稳定性。构件的高厚比是构件的计算高度 H_0 与相应方向边长 h 的比值，用 β 表示，即 $\beta = H_0/h$。墙、柱的高厚比越大，其稳定性愈差，愈易产生倾斜或变形，从而影响墙、柱的正常使用甚至发生倒塌事故。因此，必须对墙、柱高厚比加以限制，即墙、柱的高厚比要满足允许高厚比 $[\beta]$ 的要求，它是确保砌体结构稳定、满足正常使用极限状态要求的重要构造措施之一。

2.3.1 允许高厚比

允许高厚比 $[\beta]$ 值与墙、柱砌体材料的质量和施工技术水平等因素有关。随着科学技术的进步，在材料强度日益增高，砌体质量不断提高的情况下，$[\beta]$ 值将有所增大。$[\beta]$ 按表 2.17 取用。

表 2.17 墙、柱允许高厚比 $[\beta]$ 值

砌体类型	砂浆强度等级	墙	柱
无筋砌体	M2.5	22	15
	M5.0 或 Mb5.0、Ms5.0	24	16
	≥M7.5 或 Mb7.5、Ms7.5	26	17
配筋砌块砌体	—	30	21

注：1. 毛石墙、柱允许高厚比应按表中数值降低 20%。

    2. 组合砖砌体构件的允许高厚比，可按表中数值提高 20%，但不得大于 28。

    3. 验算施工阶段砂浆尚未硬化的新砌砌体高厚比时，允许高厚比对墙取 14，对柱取 11。

2.3.2 墙、柱高厚比验算

1. 一般墙、柱高厚比验算

$$\beta = \frac{H_0}{h} \leqslant \mu_1 \mu_2 [\beta] \tag{2.28}$$

式中：H_0——墙、柱的计算高度，按表 2.15 取用；

h——墙厚或矩形柱与 H_0 相对应的边长；

μ_1——自承重墙允许高厚比的修正系数，按下述规定采用：

对于厚度 $h \leqslant 240\text{mm}$ 的自承重墙，当 $h=240\text{mm}$ 时，$\mu_1=1.2$；当 $h=180\text{mm}$ 时，$\mu_1=1.32$；当 $h=150\text{mm}$ 时，$\mu_1=1.44$；当 $h=90\text{mm}$ 时，$\mu_1=1.5$。

上端为自由端墙的允许高厚比，除按上述规定提高外，尚可再提高 30%；对厚度小于 90mm 的墙，当双面用不低于 M10 的水泥砂浆抹面，包括抹面层的墙厚不小于 90mm 时，可按墙厚等于 90mm 验算高厚比；μ_2 为有门窗洞口的墙允许高厚比修正系数，按下式计算：

$$\mu_2 = 1 - 0.4\frac{b_s}{s} \tag{2.29}$$

b_s——在宽度 s 范围内的门窗洞口总宽度，如图 2.23 所示；

s——相邻窗间墙或壁柱之间的距离。

当按式(2.29)计算的 μ_2 值小于 0.7 时，应采用 0.7；当洞口高度等于或小于墙高的 1/5 时，μ_2 取 1.0；当洞口高度等于或大于墙高的 4/5 时，可按独立墙段验算高厚比。

$[\beta]$——墙、柱允许高厚比，按表 2.17 取用。

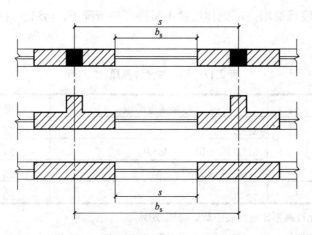

图 2.23　门窗洞口宽度示意图

2. 带壁柱墙的高厚比验算

1) 整片墙高厚比验算

$$\beta = \frac{H_0}{h_T} \leqslant \mu_1\mu_2[\beta] \tag{2.30}$$

式中：h_T——带壁柱墙截面的折算厚度，$h_T = 3.5i$；

i——带壁柱墙截面的回转半径，$i=\sqrt{I/A}$；I、A 分别为带壁柱墙截面的惯性矩和
截面面积。

《规范》规定，当确定带壁柱墙的计算高度 H_0 时，s 应取相邻横墙间距。在确定截面
回转半径 i 时，带壁柱墙的计算截面翼缘宽度 b_f 可按下列规定采用。

(1) 多层房屋，当有门窗洞口时，可取窗间墙宽度；当无门窗洞口时，每侧翼墙宽度
可取壁柱高度的 1/3。

(2) 单层房屋，可取壁柱宽加 2/3 墙高，但不大于窗间墙宽度和相邻壁柱间距离。

(3) 计算带壁柱墙的条形基础时，可取相邻壁柱间的距离。

2) 壁柱间墙的高厚比验算

壁柱间墙的高厚比可按无壁柱墙公式(2.28)进行验算。此时可将壁柱视为壁柱间墙的不
动铰支座。因此计算 H_0 时，s 应取相邻壁柱间距离，而且不论带壁柱墙体的房屋的静力计
算采用何种计算方案，H_0 一律按表 2.15 中的刚性方案取用。

3. 带构造柱墙高厚比验算

墙中设钢筋混凝土构造柱时，可提高墙体使用阶段的稳定性和刚度。但由于在施工过
程中大多数是先砌墙后浇筑构造柱，所以应采取措施，保证构造柱墙在施工阶段的稳定性。

1) 整片墙高厚比验算

$$\beta=\frac{H_0}{h_T}\leqslant\mu_1\mu_2\mu_c[\beta] \tag{2.31}$$

式中：μ_c——带构造柱墙在使用阶段的允许高厚比提高系数，按下式计算：

$$\mu_c=1+\gamma\frac{b_c}{l} \tag{2.32}$$

γ——系数。对细料石、半细料石砌体，$\gamma=0$；对混凝土砌块、混凝土多孔砖、粗
料石、毛料石及毛砌体，$\gamma=1.0$；其他砌体，$\gamma=1.5$；

b_c——构造柱沿墙长方向的宽度；

l——构造柱间距。

当确定 H_0 时，s 取相邻横墙间距。

为与组合砖墙承载力计算相协调，规定：当 $b_c/l>0.25$ 时取 $b_c/l=0.25$；当 $b_c/l<0.05$ 时
$b_c/l=0$。表明构造柱间距过大，对提高墙体稳定性和刚度的作用已很小，考虑构造柱有利

作用的高厚比验算不适用于施工阶段,此时,对施工阶段直接取 $\mu_c = 1.0$。

2) 构造柱间墙的高厚比验算

构造柱间墙的高厚比可按公式(2.28)进行验算。此时可将构造柱视为构造柱间墙的不动铰支座。因此计算 H_0 时,s 应取相邻构造柱间距离,而且不论带构造柱墙体的房屋的静力计算采用何种计算方案,H_0 一律按表 2.15 中的刚性方案取用。

《规范》规定设有钢筋混凝土圈梁的带壁柱墙或带构造柱墙,当 $b/s \geqslant 1/30$ 时,圈梁可视作壁柱间墙或构造柱间墙的不动铰支点(b 为圈梁宽度)。这是由于圈梁的水平刚度较大,能够限制壁柱间墙体或构造柱间墙的侧向变形的缘故。如果墙体条件不允许增加圈梁的宽度,可按墙体平面外等刚度原则增加圈梁高度,以满足壁柱间墙或构造柱间墙不动铰支点的要求。

【例 2.1】 某办公楼平面布置如图 2.24 所示,采用装配式钢筋混凝土楼盖。纵横向承重墙厚度均为 190mm,采用 MU7.5 单排孔混凝土砌块、双面粉刷,一层用 Mb7.5 砂浆,二至三层采用 Mb5 砂浆,层高为 3.3m,一层墙从楼板顶面到基础顶面的距离为 4.1m,窗洞宽均为 1800mm,门洞宽均为 1000mm。在纵横墙相交处和屋面或楼面大梁支承处,均设有截面为 190mm×250mm 的钢筋混凝土构造柱(构造柱沿墙长方向的宽度为 250mm),试验算各层纵、横墙的高厚比。

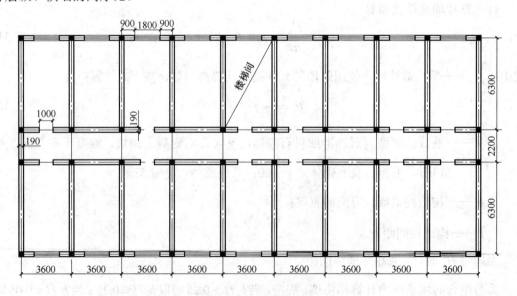

图 2.24 办公楼平面图

解： (1) 纵墙高厚比验算

① 静力计算方案的确定

横墙间距 $s_{max} = 3.6 \times 3 = 10.8\text{m} < 32\text{m}$，查表得，属于刚性方案。

② 一层纵墙高厚比验算(只验算外纵墙)

a. 整片墙高厚比验算。

$s_{max} = 3.6 \times 3 = 10.8\text{m} > 2H = 8.2\text{m}$；查表 2.15 得：$H_0 = 1.0H = 4.1\text{m}$；

$\mu_1 = 1.0$；$[\beta] = 26$；

$\mu_2 = 1 - 0.4\dfrac{b_s}{s} = 1 - 0.4 \times \dfrac{1800}{3600} = 0.8 > 0.7$

$0.05 < \dfrac{b_c}{l} = \dfrac{250}{3600} = 0.069 < 0.25$；$\mu_c = 1 + \gamma\dfrac{b_c}{l} = 1 + 1.0 \times \dfrac{250}{3600} = 1.069$

$\beta = \dfrac{H_0}{h_T} = \dfrac{4.1 \times 10^3}{190} = 21.58 < \mu_1\mu_2\mu_c[\beta] = 1.0 \times 0.8 \times 1.069 \times 26 = 22.24$

满足要求。

b. 构造柱间墙高厚比验算。

构造柱间距 $s = 3.6\text{m} < 4.1\text{m}$；查表 2.15 得 $H_0 = 0.6s = 0.6 \times 3.6 = 2.16\text{m}$；$[\beta] = 26$

$$\mu_2 = 1 - 0.4\dfrac{b_s}{s} = 1 - 0.4 \times \dfrac{1800}{3600} = 0.8 > 0.7$$

$$\beta = \dfrac{H_0}{h} = \dfrac{2.16 \times 10^3}{190} = 11.37 < \mu_1\mu_2[\beta] = 1.0 \times 0.8 \times 26 = 20.8$$

满足要求。

③ 二、三层纵墙高厚比验算(只验算外纵墙)

a. 整片墙高厚比验算。

$s = 3.6 \times 3 = 10.8\text{m} > 2H = 6.6\text{m}$，查表 2.15 得：$H_0 = 1.0H = 3.3\text{m}$；

$\mu_1 = 1.0$；$[\beta] = 24$；$\mu_2 = 1 - 0.4\dfrac{b_s}{s} = 1 - 0.4 \times \dfrac{1800}{3600} = 0.8 > 0.7$

$0.05 < \dfrac{b_c}{l} = \dfrac{250}{3600} = 0.069 < 0.25$；$\mu_c = 1 + \gamma\dfrac{b_c}{l} = 1 + 1.0 \times \dfrac{250}{3600} = 1.069$

$\beta = \dfrac{H_0}{h} = \dfrac{3.3 \times 10^3}{190} = 17.37 < \mu_1\mu_2\mu_c[\beta] = 1.0 \times 0.8 \times 1.069 \times 24 = 20.52$

满足要求。

b. 构造柱间墙高厚比验算。

构造柱间距 $s = 3.6\text{m}$；$H = 3.3\text{m} < s < 2H = 6.6\text{m}$

查表 2.15 得：$H_0 = 0.4s + 0.2H = 0.4 \times 3.6 + 0.2 \times 3.3 = 2.1\text{m}$；$[\beta] = 24$

$$\mu_2 = 1 - 0.4\frac{b_s}{s} = 1 - 0.4 \times \frac{1800}{3600} = 0.8 > 0.7 \; ; \quad \mu_1 = 1.0$$

$$\beta = \frac{H_0}{h} = \frac{2.1 \times 10^3}{190} = 11.05 < \mu_1\mu_2[\beta] = 1.0 \times 0.8 \times 24 = 19.2$$

满足要求。

(2) 横墙高厚比验算

① 静力计算方案的确定

纵墙间距 $s_{max} = 6.3\text{m} < 32\text{m}$ ，查表知属于刚性方案。

② 一层横墙高厚比验算

$$s_{max} = 6.3\text{m} \; ; \quad H = 4.1\text{m} < s < 2H = 8.2\text{m}$$

查表得 $H_0 = 0.4s + 0.2H = 0.4 \times 6.3 + 0.2 \times 4.1 = 3.34\text{m}$ ；

$[\beta] = 26$ ； $\mu_1 = 1.0$ ； $\mu_2 = 1.0$

$$\beta = \frac{H_0}{h} = \frac{3.34 \times 10^3}{190} = 17.58 < \mu_1\mu_2[\beta] = 1.0 \times 1.0 \times 26 = 26$$

满足要求。

③ 二、三层横墙高厚比验算

$$s = 6.3\text{m} \; ; \quad H = 3.3\text{m} < s < 2H = 6.6\text{m}$$

查表得 $H_0 = 0.4s + 0.2H = 0.4 \times 6.3 + 0.2 \times 3.3 = 3.18\text{m}$

$[\beta] = 24$ ； $\mu_1 = 1.0$ ； $\mu_2 = 1.0$

$\dfrac{b_c}{l} = \dfrac{190}{6300} = 0.03 < 0.05$ 所以不考虑构造柱的影响，取 $\mu_c = 1.0$

$$\beta = \frac{H_0}{h} = \frac{3.18 \times 10^3}{190} = 16.74 < \mu_1\mu_2\mu_c[\beta] = 1.0 \times 1.0 \times 1.0 \times 24 = 24$$

满足要求。

课程实训

1. 为什么要验算墙、柱的高厚比？

2. 怎样验算带壁柱墙的高厚比？

习题

1. 某房屋砖柱截面为 490mm×370mm，用 MU15 砖和 M5 水泥砂浆砌筑，层高 4.5m，假定为刚性方案，试验算该柱的高厚比。

2. 某带壁柱墙，柱距 6m，窗宽 2.7m，横墙间距 30m，纵墙厚 240mm，包括纵墙在内的壁柱截面为 370mm×490mm，砂浆为 M5 混合砂浆，1 类屋盖体系，试验算其高厚比。

仿真习题

某实验楼部分平面图如图 2.25 所示，采用预制钢筋混凝土空心楼板，外墙厚为 370mm，内纵墙及横墙厚为 240mm，底层墙高 4.8m(从基础顶面到楼板顶面)。隔墙厚 120mm，高 3.6m，砂浆为 M5，砖为 MU10，纵墙上的窗宽为 1800mm，门宽 1000mm。试验算纵墙、横墙及隔墙的高厚比。

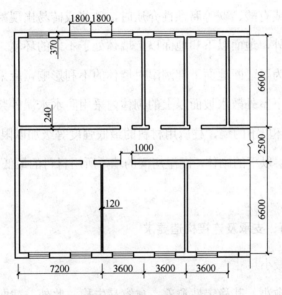

图 2.25 某实验楼部分平面图

2.4 砌体结构构造措施

在进行混合结构房建设计时，不仅要求砌体结构和构件在各种受力状态下应具有足够的承载力，而且还要确保房屋具有良好的工作性能和足够的耐久性。然而到目前为止，有的砌体结构和构件的承载力计算尚不能完全反映结构和构件的实际抵抗能力，另外公式计算中均未考虑诸如温度变化、砌体的收缩变形等因素的影响。因此，为确保砌体结构的安全和正常使用，采取必要和合理的构造措施尤为重要。

混合结构房屋墙体构造要求主要包括以下三个力面：墙、柱高厚比的要求；墙、柱的一般构造要求；防止或减轻墙体开裂的主要措施。高厚比的要求在前面已详细讲述，本节主要研究墙、柱的一般构造要求及防止或减轻墙体开裂的主要措施。

2.4.1 墙、柱的一般构造要求

1．砌体材料的最低强度等级

块体和砂浆的强度等级不仅对砌体结构和构件的承载力有显著的影响，而且影响房屋的耐久性。块体和砂浆的强度等级愈低、房屋的耐久性愈差，愈容易出现腐蚀风化现象，尤其是处于潮湿环境或有酸、碱等腐蚀性介质时，砂浆或砖易出现酥散、掉皮等现象，腐蚀风化更加严重。此外，地面以下和地面以上墙体处于不同的环境，地基土的含水量大，基础墙体维修困难，为了隔断地面下部潮湿对墙体的不利影响，应采用耐久性较好的砌体材料并在室内地面以下室外散水坡面以上的砌体内采用防水水泥砂浆设置防潮层。因此，应对不同受力情况和环境下的墙、柱所用材料的最低强度等级加以限制。

地面以下或防潮层以下的砌体，潮湿房间的墙，所用材料的最低强度等级应符合表 1.6 的要求。

2．墙、柱的截面、支承及连接构造要求

1） 墙、柱截面最小尺寸

墙、柱截面尺寸愈小，其稳定性愈差，愈容易失稳。此外，截面局部削弱、施工质量对墙、柱承载力的影响更加明显。因此，承重的独立砖柱截面尺寸不应小于 240mm×370mm，毛石墙的厚度不宜小于 350mm，毛料石柱较小边长不宜小于 400mm。当有振动荷载时，墙、柱不宜采用毛石砌体。

2） 垫块设置

屋架、大梁搁置于墙、柱上时，屋架、大梁端部支承处的砌体处于局部受压状态。当屋架、大梁的受荷面积较大而局部受压面积又较小时，容易发生局部受压破坏。因此，对于跨度大于 6m 的屋架和梁跨度大于 4.8m 的砖砌体、梁跨度大于 4.2m 的砌块和料石砌体、梁跨度大于 3.9m 的毛石砌体，应在支承处砌体上设置混凝土或钢筋混凝土垫块；当墙中设有圈梁时，垫块与圈梁宜浇成整体。

3) 壁柱设置

当墙体高度较大且厚度较薄，而所受的荷载却较大时，墙体平面外的刚度和稳定性往往较差。为了加强墙体的刚度和稳定性，可在墙体的适当部位设置壁柱。当梁的跨度大于或等于 6m(采用 240mm 厚的砖墙时)、4.8m(采用 180mm 厚的砖墙时或采用砌块或料石砌体时)，其支承处宜加设壁柱或采取其他加强措施。山墙处的壁柱宜砌至山墙顶部，屋面构件应与山墙可靠拉结。

4) 支承构造

混合结构房屋是由墙、柱、屋架或大梁、楼板等通过合理连接组成的承重体系。为了加强房屋的整体刚度，确保房屋安全、可靠地承受各种作用，墙、柱与楼板、屋架或大梁之间应有可靠的拉结。在确定墙、柱内力计算简图时，楼板、大梁或屋架视作墙、柱的水平支承，水平支承处的反力由楼板(梁)与墙接触面上的摩擦力承受。试验结果表明，当楼板伸入墙体内的支承长度足够时，墙和楼板接触面上的摩擦力可有效地传递水平力，不会出现楼板松动现象。相对而言，屋架或大梁的重要性较大，而屋架或大梁与墙、柱的接触面却相对较小。当屋架或大梁的跨度较大时，两者之间的摩擦力不可能有效地传递水平力，此时应采用锚固件加强屋架或大梁与墙、柱的锚固。具体来说，支承构造应符合下列要求。

(1) 预制钢筋混凝土板的支承长度，在墙上不宜小于 100mm；在钢筋混凝土圈梁上不宜小于 80mm，板端伸出的钢筋应与圈梁可靠连接，且同时浇筑；并应按下列方法连接：板支承于内墙时，板端钢筋伸出长度不应小于 70mm，且与支座处沿墙配置的纵筋绑扎，用强度等级不应低于 C25 的混凝土浇筑成板带；板支承于外墙时，板端钢筋伸出长度不应小于 100mm，且与支座处沿墙配置的纵筋绑扎，并用强度等级不应低于 C25 的混凝土浇筑成板带；预制钢筋混凝土板与现浇板对接时，预制板端钢筋应伸入现浇板中进行连接后，再浇筑现浇板。

(2) 墙体转角处和纵横墙交接处应沿竖向每隔 400～500mm 设拉结钢筋，其数量为每 120mm 墙厚不少于 1 根直径 6mm 的钢筋；或采用焊接钢筋网片，埋入长度从墙的转角或交接处算起，对实心砖墙每边不小于 500mm ，对多孔砖墙和砌块墙不小于 700mm。

(3) 支承在墙、柱上的吊车梁、屋架及跨度大于或等于 9m(对砖砌体)、7.2m(对砌块和料石砌体)的预制梁的端部，应采用锚固件与墙、柱上的垫块锚固，如图 2.26 所示。

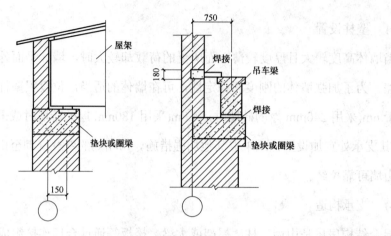

图 2.26 屋架、吊车梁与墙连接

5) 填充墙、隔墙与墙、柱连接

为了确保填充墙、隔墙的稳定性并能有效传递水平力，防止其与墙、柱连接处因变形和沉降的不同引起裂缝，应采用拉结钢筋等措施来加强填充墙、隔墙与墙、柱的连接。

3. 混凝土砌块墙体的构造要求

为了增强混凝土砌块房屋的整体刚度，提高其抗裂能力，混凝土砌块墙体应符合下列要求。

(1) 砌块砌体应分皮错缝搭砌，上下皮搭砌长度不得小于 90mm。当搭砌长度不满足上述要求时，应在水平灰缝内设置不少于 $2\phi4$ 的焊接钢筋网片(横向钢筋的间距不宜大于 200mm)，网片每端均应超过该垂直缝，其长度不得小于 300mm。

(2) 砌块墙与后砌隔墙交接处，应沿墙高每 400mm 在水平灰缝内设置不少于 $2\phi4$、横筋间距不大于 200mm 的焊接钢筋网片(如图 2.27 所示)。

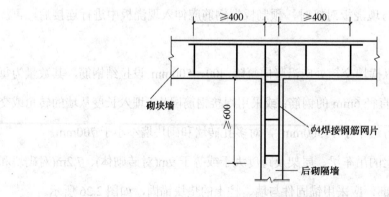

图 2.27 砌块墙与后砌隔墙连接

（3）混凝土砌块房屋，宜将纵横墙交接处、距墙中心线每边不小于 300mm 范围内的孔洞，采用不低于 Cb20 灌孔混凝土灌实，灌实高度应为墙身全高。

（4）混凝土砌块墙体的下列部位，如未设圈梁或混凝土垫块，应采用不低于 Cb20 灌孔混凝土将孔洞灌实。

① 搁栅、檩条和钢筋混凝土楼板的支承面下，高度不应小于 200mm 的砌体。

② 屋架、梁等构件的支承面下，高度不应小于 600mm，长度不应小于 600mm 的砌体。

③ 挑梁支承面下，距墙中心线每边不应小于 300mm，高度不应小于 600mm 的砌体。

（5）砌体中留槽洞及埋设管道时的构造要求。

在砌体中预留槽洞及埋设管道对砌体的承载力影响较大，尤其是对截面尺寸较小的承重墙体、独立柱更加不利。因此，不应在截面长边小于 500mm 的承重墙体、独立柱内埋设管线；不宜在墙体中穿行暗线或预留、开凿沟槽，无法避免时应采取必要的措施或按削弱后的截面验算墙体的承载力。然而，对受力较小或未灌孔的砌块砌体，允许在墙体的竖向孔洞中设置管线。

（6）夹心墙的构造要求。

① 为了保证夹心墙具有良好的稳定性和足够的耐久性，混凝土砌块的强度等级不应低于 MU10；夹心墙的夹层厚度不宜大于 120mm；夹心墙外叶墙的最大横向支承间距不宜大于 9m。

② 夹心墙叶墙间的连接。

试验表明，在竖向荷载作用下，夹心墙叶墙间采用的连接件能起到协调内、外叶墙的变形并为内叶墙提供一定支撑作用，因此连接件具有明显提高内叶墙承载力、增强叶墙稳定性的作用。在往复荷载作用下，钢筋拉结件可在大变形情况下避免外叶墙发生失稳破坏，确保内外叶墙协调变形、共同受力。因此采用钢筋拉结件能防止地震作用下已开裂墙体出现脱落倒塌现象。此外，为了确保夹心墙的耐久性，应对夹心墙中的钢筋拉结件进行防腐处理。为此，夹心墙叶墙间的连接应符合下列要求。

a. 叶墙应用经防腐处理的拉结件或钢筋网片连接。

b. 当采用环形拉结件时，钢筋直径不应小于 4mm，当为 Z 形拉结件时，钢筋直径不应小于 6mm；拉结件应沿竖向梅花形布置，拉结件的水平和竖向最大间距分别不宜大于 800mm

和 600mm；对有振动或有抗震设防要求时，其水平和竖向最大间距分别不宜大于 800mm 和 400mm。

　c. 当采用钢筋网片作拉结件时，网片横向钢筋的直径不应小于 4mm，其间距不应大于 400mm；网片的竖向间距不宜大于 600mm，对有振动或有抗震设防要求时，不宜大于 400mm。

　d. 拉结件在叶墙上的搁置长度，不应小于叶墙厚度的 2/3，并不应小于 60mm。

　e. 门窗洞口周边 300mm 范围内应附加间距不大于 600mm 的拉结件。

　f. 对安全等级为一级或设计使用年限大于 50 年的房屋，夹心墙叶墙间宜采用不锈钢拉结件。

　(7) 框架填充墙的构造要求。

　① 填充墙宜选用轻质砌体材料，可减轻结构重量、降低造价、有利于结构抗震。

　② 填充墙砌筑砂浆的强度等级不宜低于 M5 (Mb5 、Ms5)。如果填充墙强度较低，当框架稍有变形时，填充墙体就可能开裂，在意外荷载或烈度不高的地震作用时，容易遭到损坏，甚至造成人员伤亡和财产损失。

　③ 填充墙体墙厚不应小于 90mm。

　④ 用于填充墙的夹心复合砌块，其两肢块体之间应有拉结。

　⑤ 填充墙与框架的连接，可根据设计要求采用脱开或不脱开方法，并满足其构造要求。有抗震设防要求时宜采用填充墙与框架脱开的方法。

2.4.2　圈梁的设置及构造要求

　为了增强房屋的整体刚度，防止由于地基不均匀沉降或较大振动荷载等对房屋引起的不利影响，应在房屋的檐口、窗顶、楼层、吊车梁顶或基础顶面标高处，沿砌体墙水平方向设置封闭状的现浇钢筋混凝土圈梁。圈梁指在砌体结构房屋中，在墙体内连续设置并形成水平封闭状的钢筋混凝土梁或钢筋砖梁。设在房屋檐口处的圈梁，常称为檐口圈梁，设在基础顶面标高处的圈梁常称为基础圈梁。

1. 圈梁的设置

　圈梁设置的位置和数量通常取决于房屋的类型、层数、所受的振动荷载以及地基情况等因素。

(1) 车间、仓库、食堂等空旷的单层房屋应按下列规定设置圈梁：砖砌体房屋，檐口标高为 5～8m 时，应在檐口标高处设置圈梁一道，檐口标高大于 8m 时，应增加设置数量；砌块及料石砌体房屋，檐口标高为 4～5m 时，应在檐口标高处设置圈梁一道，檐口标高大于 5m 时，应增加设置数量。

对有吊车或较大振动设备的单层工业房屋，当未采取有效的隔振措施时，除在檐口或窗顶标高处设置现浇钢筋混凝土圈梁外，尚应增加设置数量。

(2) 住宅、办公楼等多层砌体民用房屋，且层数为 3～4 层时，应在底层和檐口标高处各设置圈梁一道。当层数超过 4 层时，除应在底层和檐口标高处各设置一道圈梁外，应在所有纵横墙上隔层设置。多层砌体工业房屋，应每层设置现浇钢筋混凝土圈梁。设置墙梁的多层砌体房屋应在托梁、墙梁顶面和檐口标高处设置现浇钢筋混凝土圈梁。

(3) 建筑在软弱地基或不均匀地基上的砌体房屋，除按本节规定设置圈梁外，尚应符合现行国家标准《建筑地基基础设计规范》(GB50007—2011)的有关规定。

2．圈梁的构造要求

圈梁的受力及内力分析比较复杂，目前尚难以进行计算，一般均按如下构造要求设置。

(1) 圈梁宜连续地设在同一水平面上，并形成封闭状；当圈梁被门窗洞口截断时，应在洞口上部增设相同截面的附加圈梁。附加圈梁与圈梁的搭接长度不应小于其中到中垂直间距的二倍，且不得小于 1m，如图 2.28 所示。

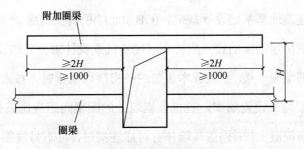

图 2.28　附加圈梁

(2) 纵横墙交接处的圈梁应有可靠的连接，如图 2.29 所示。刚弹性和弹性方案房屋，圈梁应与屋架、大梁等构件可靠连接。

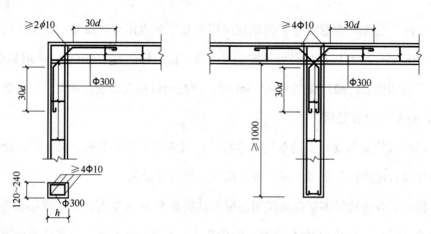

图 2.29   纵横墙交接处的圈梁的连接构造示意

(3) 钢筋混凝土圈梁的宽度宜与墙厚相同,当墙厚 $h \geq 240$mm 时,其宽度不宜小于 $2h/3$。圈梁高度不应小于 120mm。纵向钢筋不应少于 $4\phi10$,绑扎接头的搭接长度按受拉钢筋考虑,箍筋间距不应大于 300mm。

(4) 圈梁兼作过梁时,过梁部分的钢筋应按计算面积另行增配。

由于顶制混凝土楼(屋)盖普遍存在裂缝,因此目前许多地区大多采用现浇混凝土楼板。采用现浇钢筋混凝土楼(屋)盖的多层砌体结构房屋,当层数超过 5 层时,除在檐口标高处设置一道圈梁外,可隔层设置圈梁,并与楼(层)面板一起现浇。未设置圈梁的楼面板嵌入墙内的长度不应小于 120mm,并沿墙长配置不少于 $2\phi10$ 的纵向钢筋。

(5) 建造在软弱地基或不均匀地基上的砌体房屋,除按上述规定之外,圈梁的设置尚应符合国家现行《建筑地基基础设计规范》(GB 50007)的有关规定。

(6) 抗震设防的房屋圈案的设置应符合《建筑抗震设计规范》的要求,具体要求如下。

① 装配式钢筋混凝土楼(屋)盖或木屋盖的砖房横墙承重时,按表 2.18 的要求设置圈梁。纵墙承重时每层均应设置圈梁,且抗震横墙上的圈梁间距应比表内规定适当加密。现浇或装配整体式钢筋混凝土楼(屋)盖与墙体有可靠连接时,可不另设圈梁,但楼板沿墙体周边应加强配筋并应与相应的构造柱钢筋可靠连接。

当在表 2.18 要求的间距内没有横墙时,应利用梁或板缝中配筋代替圈梁。圈梁宜与预制板设在同一标高处或紧靠板底。圈梁应闭合,遇有洞口圈梁应上下搭接。钢筋混凝土圈梁的截面高度不应小于 120mm,配筋应符合表 2.19 的要求。

为了加强基础的整体性和刚性而增设的基础圈梁,其截面高度不应小于 180mm,纵筋

不应小于 $4\phi12$。

表 2.18　砖房现浇钢筋混凝土圈梁设置要求

墙 类 别	烈 度		
	6、7	8	9
外墙和内纵墙	屋盖处及每层楼盖处	屋盖处及每层楼盖处	屋盖处及每层楼盖处
内横墙	同上, 屋盖处间距不应大于 4.5m 楼盖处间距不应大于 7.2m 构造柱对应部位	同上, 屋盖处沿所有横墙,且间距 不应大于 7m; 楼盖处间距不应大于 7m 构造柱对应部位	同上, 各层所有横墙

表 2.20　砖房圈梁配筋要求

配 筋	烈 度		
	6、7	8	9
最小纵筋	$4\phi10$	$4\phi12$	$4\phi14$
最大箍筋间距(mm)	250	200	150

②　多层砌块房屋均应按表 2.18 的要求来设置现浇钢筋混凝土圈梁,圈梁宽度不小于 190mm,配筋不应小于 $4\phi12$,箍筋间距不应大于 200mm。

2.4.3　钢筋混凝土构造柱的设置和构造要求

1. 钢筋混凝土构造柱的设置

钢筋混凝土构造柱,是指先砌筑墙体,而后在墙体两端或纵横墙交接处现浇的钢筋混凝土柱。唐山地震震害分析和近年来的试验表明:钢筋混凝土构造柱可以明显提高房屋的变形能力,增加建筑物的延性,提高建筑物的抗侧力能力,防止或延缓建筑物在地震影响下发生突然倒塌,或减轻建筑物的损坏程度。因此应根据房屋的用途,结构部位的重要性,以及设防烈度等条件将构造柱设置在震害较重、连接比较薄弱、易产生应力集中的部位。

对于多层普通砖,多孔砖房钢筋混凝土构造柱应按下列要求设置。

(1)　构造柱设置部位,一般情况下应符合表 2.20 的要求。

(2)　外廊式和单面走廊式的多层房屋,应根据房屋增加一层后的层数,按表 2.20 的要求设置构造柱;且单面走廊两侧的纵墙均应按外墙处理。在外纵墙尽端与中间一定间距内设置构造柱后，将内横墙的圈梁穿过单面走廊与外纵墙的构造柱连接，以增强外廊的纵墙与横墙连接，保证外廊纵墙在水平地震效应作用下的稳定性。

(3) 教学楼、医院等横墙较少的房屋，应根据房屋增加一层后的层数，按表 2.20 的要求设置构造柱；当教学楼、医院的横墙较少的房屋为外廊式或单面走廊式时，应按第 2 款要求设置构造柱，但 6 度不超过四层、7 度不超过三层和 8 度不超过二层时，应按增加二层后的层数对待。

表 2.20　砖房构造柱设置要求

房屋层数				设置部位	
6 度	7 度	8 度	9 度		
四、五	三、四	二、三		外墙四周 错层部位横墙与 外纵墙交接处 大房间内外墙交接 处较大洞口两侧	7、8 度时，楼、电梯间的四角；隔 15m 或单元横墙与外纵墙交接处
六、七	五	四	三		隔开间横墙(轴线)与外墙交接处，山墙与内纵墙交接处；7~9 度时，楼、电梯间的四角
八	六、七	五、六	三、四		内墙(轴线)与外墙交接处，内墙的局部较小墙垛处；7~9 度时，楼、电梯间的四角；9 度时内纵墙与横墙(轴线)交接处

注：较大洞口指宽度大于 2m 的洞口。

2．构造柱的构造要求

(1) 构造柱的作用主要是约束墙体，本身断面不必很大，一般情况下最小截面可采用 240mm×180mm。目前在实际应用中，一般构造柱截面多取 240mm×240mm。纵向钢筋宜采用 $4\phi12$，箍筋间距不宜大于 250mm，且在柱的上下端宜适当加密；6、7 度时超过六层，8 度时超过五层和 9 度时，构造柱纵向钢筋宜采用 $4\phi14$，箍筋间距不应大于 200mm；房屋四角的构造柱可适当加大截面及配筋。

(2) 构造柱与墙连接处应砌成马牙槎，并应沿墙高每隔 500mm 设 $2\phi6$ 拉结钢筋，每边伸入墙内不宜小于 1.0m，但当墙上门窗洞边到构造柱边(即墙马牙槎外齿边)的长度小于 1.0m 时，则伸至洞边上。

(3) 构造柱与圈梁连接处，构造柱的纵筋应穿过圈梁纵筋内侧，保证构造柱纵筋上下贯通。

(4) 构造柱可不单独设置基础，但应伸入室外地面下 500mm 或与埋深小于 500mm 的基础圈梁相连。

2.4.4　考虑抗震时多层砖房墙体间、楼(屋)盖与墙体的连接的构造要求

(1) 浇钢筋混凝土楼板或屋面板伸进纵、横墙内的长度，均不应小于 120mm。装配式钢筋混凝土楼板或屋面板，当圈梁未设在板的同一标高时，板端伸进外墙的长度不应小于 120mm，伸进内墙的长度不应小于 100mm，在梁上不应小于 80mm。

(2) 板的跨度大于 4.8m 并与外墙平行时，靠外墙的预制板侧边应与墙或圈梁拉结。

(3) 房屋端部大房间的楼盖、6 度时房屋的屋盖和 7～9 度时房屋的楼屋盖，当圈梁设在板底时，钢筋混凝土预制板应相互拉结，并应与梁、墙或圈梁拉结。

(4) 6、7 度时长度大于 7.2m 的大房间，以及 8 度和 9 度时，房层的外墙转角及内外墙交接外，应沿墙高每隔 500mm 配置 $2\phi6$ 的通长钢筋和 $\phi4$ 分布短的平面内点焊组成的拉结网片或 $\phi4$ 点焊网片。

(5) 后砌的自承重砌体隔墙应沿墙高每 500mm 配置 $2\phi6$ 钢筋与承重墙或柱拉结，每边伸入墙内长度不应小于 500mm；8 度和 9 度时，长度大于 5m 的后砌隔墙的墙顶，尚应与楼板或梁拉结。

2.4.5　防止或减轻墙体开裂的主要措施

混合结构房屋墙体裂缝的形成往往并不是单一因素所导致的，而是内因和外因共同作用的结果。其中内因是混合结构房屋的屋盖、楼盖是采用钢筋混凝土，墙体则是采用砌体材料，这两种材料的物理力学特性和刚度存在明显差异。外因主要包括温度变化、地基不均匀沉降以及构件之间的相互约束等因素。

1. 砌体结构裂缝的特征及产生原因

1) 因地基不均匀沉降而产生的裂缝

支承整栋房屋的下部地基会发生压缩变形，当地基土质不均匀或作于地基上的上部荷载不均匀时，就会引起地基的不均匀沉降，使墙体发生外加变形，而产生附加应力。当这些附加应力超过砌体的抗拉强度时，墙体就会出现裂缝。

正八字形裂缝：当房屋中间部分沉降过大，两边沉降过小时，在砌体结构的顶层墙体上和底下几层墙体上比较容易发生一些斜向裂缝，通常位于窗的上下对角线上，成 45° 斜向发展，左右对称而形成正八字形裂缝，如图 2.30(a)所示。

倒八字形裂缝：不均匀沉降发生后，沉降大的部分砌体与沉降小的部分砌体产生相对位移，从而在砌体中产生附加的拉力和剪力。当这种附加内力超过砌体强度时，砌体中便产生裂缝。裂缝大致与主拉应力方向垂直，裂缝一般朝凹陷处(沉陷大的部位)。当房屋的一端或两端沉降过大，就出现倒八字裂缝，如图 2.30(b)所示。

斜向裂缝：当房屋高差较大时，荷载严重不均匀，则产生不均匀沉降，在墙上产生斜向裂缝，裂缝指向房屋较高处，如图 2.30(c)所示。

垂直裂缝：当房屋底层门窗洞口较大，基础埋深较浅时，若发生地基不均匀沉降，则在房屋底层窗台下墙体中产生垂直裂缝，如图 2.30(d)所示。

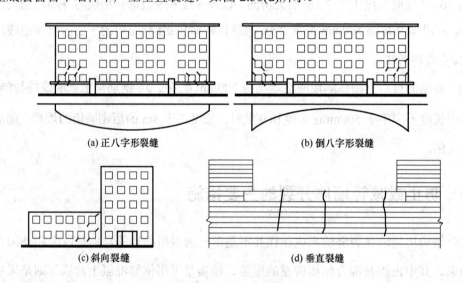

(a) 正八字形裂缝   (b) 倒八字形裂缝

(c) 斜向裂缝   (d) 垂直裂缝

图 2.30　地基不均匀沉降裂缝示意

2)　因外界温度变化和砌体干缩变形而产生的裂缝

砌体结构的屋盖一般是采用钢筋混凝土材料，墙体是采用砖或砌块。这两者的温度线膨胀系数相差比较大，钢筋混凝土的温度线膨胀系数为 $1.0 \times 10^{-5}/℃$，砖墙的温度线膨胀系数为 $0.5 \times 10^{-5}/℃$。所以在相同温差下，混凝土构件的变形要比砖墙的变形大一倍以上。两者的变形不协调就会引起因约束变形而产生的附加应力。当这种附加应力大于砌体的抗拉、弯、剪应力时就会在墙体中产生裂缝。

正八字形裂缝：当外界温度升高时，钢筋混凝土楼(屋)盖的膨胀大于砌体结构墙体的膨胀，墙体由于会阻止钢筋混凝土楼(屋)盖膨胀，从而导致在墙体内产生向外的拉力，当拉力超过墙体的抗拉强度就出现了正八字裂缝，如图 2.31(a)所示。

倒八字形裂缝：当外界温度降低时，钢筋混凝土楼(屋)盖的收缩大于砌体结构墙体的收缩，墙体阻止钢筋混凝土楼(屋)盖收缩，从而在墙体内产生向内的拉力，当拉力超过墙体的抗拉强度就出现了倒八字裂缝，如图 2.31(b)所示。

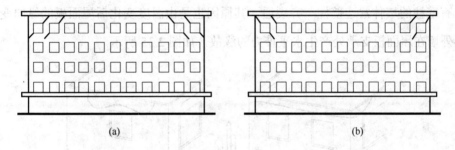

(a)　　　　　　　　　　　　　(b)

图 2.31　温度引起的正八字形裂缝和倒八字形裂缝示意

垂直裂缝：房屋在正常使用条件下，当墙体很长时，由于温差和砌体干缩，会在墙体中间出现垂直贯通裂缝，而且可能使楼(屋)盖裂通，如图 2.32(a)所示。同时在房屋楼盖有错层的交界处，圈梁没有交圈的端部，外露现浇雨篷梁的端部会出现局部的垂直裂缝，如图 2.32(b)所示。

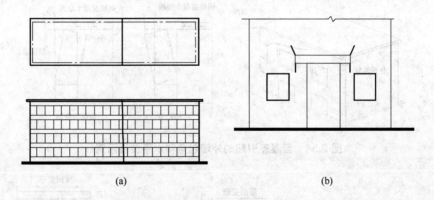

(a)　　　　　　　　　　　　　(b)

图 2.32　温度引起的垂直裂缝示意

水平裂缝：　不少房屋的女儿墙建成后不久即发生侧向变形，现象是在女儿墙根部和平屋顶交接处砌体外凸或女儿墙外倾，造成女儿墙墙体开裂。这种开裂缝有的在墙角，有的在墙顶，有的沿房屋四周形成圈状，如图 2.33(a)、(b)所示。其规律大体是短边比长边严重，房屋愈长愈严重。产生这种现象的主要原因是气温升高后，混凝土屋顶板和水泥砂浆面层沿长度方向的伸长比砖墙体大，砖墙阻止这种伸长，因此混凝土对砖墙砌体产生外推力的缘故。温度愈高，房屋长度愈长，面层愈密实愈厚，这种外推力就愈大，裂缝就愈严重。无女儿墙的房屋有时外墙上还会出现端角部的包角缝和沿纵向的水平缝。裂缝位置在屋顶底部附近或顶层圈梁底部附近。裂缝深度有时贯通墙厚。图 2.34 表示这种裂缝的情况和产生的原因。在比较空旷高大房屋的顶层外墙上，常在门窗口上下水平处出现一些通长水平裂缝，有壁柱的墙体常连壁柱一齐裂通。其原因也是由温度变化后屋面板的纵向变形比墙体大，外墙在屋面板支承处产生水平推力的缘故，如图 2.35 所示。

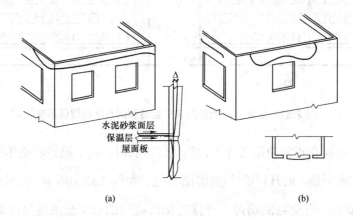

图 2.33　因温差引起的女儿墙水平裂缝示意

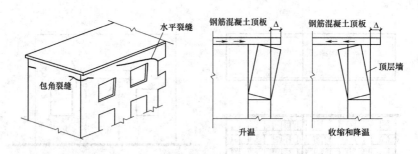

图 2.34　因温差引起的外墙包角和水平裂缝示意

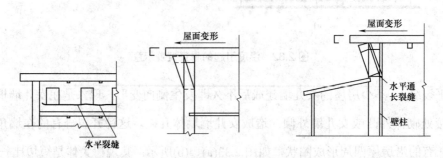

图 2.35　因温差引起的外墙水平裂缝示意

树杈形裂缝：在砌体结构房屋的四周外墙和某些内墙上有时会出现许多杂乱无章的树杈形裂缝，这主要是温差和水泥砂浆干缩所引起的。例如：外墙采用涂料的建筑物，当它的涂料基层处理不当时，在阳光的长时间照射下，时间一久，就会出现大量的网状或树杈形裂缝。

3） 因地基土的冻胀而产生的裂缝

地基土上层温度降到 0℃以下时，冻胀性土中的上部水开始冻结，下部水由于毛细管作用不断上升在冻结层中形成水晶，体积膨胀，向上隆起可达几毫米至几十毫米，其折算冻胀力可达 2×10^6 MPa，而且往往是不均匀的，建筑物的自重往往难以抗拒，因而建筑物的某一局部就被顶了起来，引起房屋开裂。

正八字形斜裂缝：当房屋两端冻胀较多，中间较少时，在房屋两端门窗口角部产生形状为正八字形斜裂缝，如图 2.36(a)所示。

倒八字形斜裂缝：当房屋两端冻胀较少，中间较多时，在房屋两端门窗口角部产生形状为倒八字形斜裂缝，如图 2.36(b)所示。

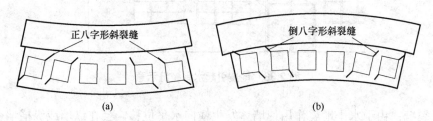

正八字形斜裂缝 　　　　　　　 倒八字形斜裂缝

(a) 　　　　　　　　　　　　 (b)

图 2.36　因地基冻胀引起的墙体裂缝示意

4） 因地震作用而产生的裂缝

与钢结构和钢筋混凝土结构相比，砌体结构的抗震性是较差的。地震烈度为 6 度时，对砌体结构就有破坏性，对设计不合理或施工质量差的房屋就会引起裂缝。当遇到 7～8 度地震时，砌体结构的墙体大多会产生不同程度的裂缝，标准低的一些砌体房屋还会发生倒塌事故。

"X" 形裂缝：地震引起的墙体裂缝大多呈 "X" 形，如图 2.37 所示。这是由于墙体受到反复作用的剪力所引起的。

水平裂缝：水平地震作用会在墙体上产生沿墙长度方向的水平裂缝，产生的原因有：因墙体与楼盖的动力性能不同使彼此在水平地震作用下发生错动，以致墙体在砌体截面变化处被剪断，如图 2.38 所示。

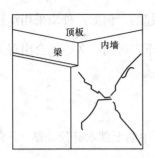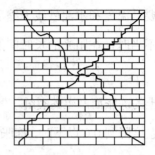

图 2.37 地震引起 "X" 形裂缝示意

因墙体发生局部弯折而产生，常出现在空旷房屋的外纵墙或山墙上，如图 2.38 所示。

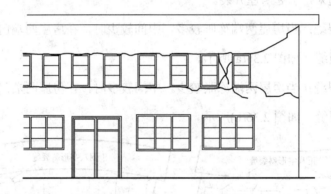

图 2.38 地震引起水平裂缝示意

垂直裂缝：由于水平地震作用使墙体发生横向水平位移，会在纵墙或纵横墙交接处产生垂直裂缝，按砌体质量不同大体上分为如下几种情况。

当纵墙横墙分别施工，留有"马牙槎"，垂直裂缝常表现为锯齿形，如图 2.39(a)所示。当砖块强度很低或者砌筑中纵墙留有槎时，垂直裂缝表现为直线形，如图 2.39(b)所示。当水平地震作用很大而砌筑质量又不佳时，有些纵墙上的竖向裂缝会发展为使纵墙向外倾倒。

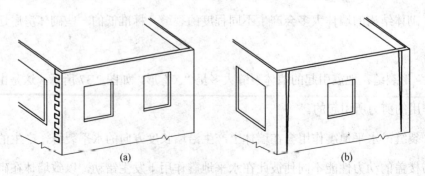

(a)　　　　　　　　　　　　(b)

图 2.39 地震引起垂直裂缝示意

5)　荷载作用而产生的裂缝

垂直裂缝：因墙体不同部位的压缩变形差异过大而在压缩变形小的部分出现垂直裂缝，如底层窗下墙上的垂直裂缝，如图 2.40(a)所示。

因墙体中心压力过大，在墙体出现垂直裂缝，裂缝平行于压力方向，先在砖长条面中部断裂，沿竖向砂浆缝上下贯通，贯通裂缝之间还可能出现新的裂缝，如图 2.40(b)所示。

因墙体受到与砖顶面平行的拉力，而在墙体中出现垂直裂缝，裂缝垂直于拉力方向，沿竖向砂浆缝和水平砂浆缝形成齿缝，或由于砖受拉后断裂，沿断裂面和竖向砂浆缝连成通缝，成为垂直裂缝。如图 2.40(c)所示。

当墙体较小偏心受压时，在近压力的一侧会发生平行于压力方向的垂直裂缝，它出现在沿砖长条面中部断裂并沿竖向砂浆缝上下贯通的竖缝，如图 2.40(d)所示。

当墙体在局部压力作用下，也会在一定范围内出现垂直裂缝。如果局部面积较大时，在局部受压界面附近的局压面积以内，形成平行于压力方向的密集竖向裂缝，受压砖块断裂，甚至压酥，如图 2.40(e)所示。如果局压面积较小时，在局部受压界面附近的局压面积以内，形成大体平行于压力方向的纵向劈裂裂缝，如图 2.40(f)所示。

在水平灰缝中配有网状钢筋的配筋砌体在压力的作用下，会把网状钢筋片之间的砌体压酥，出现大量密集、短小，平行于压力作用方向的裂缝，如图 2.40(g)所示。

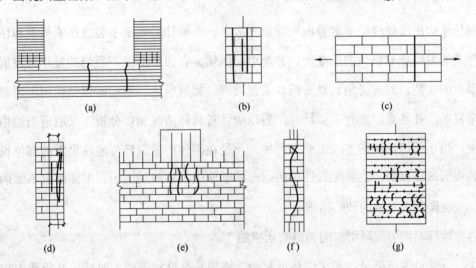

(a)　　(b)　　(c)

(d)　　(e)　　(f)　　(g)

图 2.40　荷载的影响形成垂直裂缝示意

水平裂缝：墙体或砖柱高厚比过大，在荷载的压力下丧失稳定，在墙体中部突然形成水平裂缝，严重时可使墙面倒塌，如图2.41(a)所示。

当墙体中心受拉(拉力与砖顶面垂直)，则会产生水平裂缝，裂缝垂直于拉力方向，即在水平砂浆缝与砖的界面上形成通缝，如图2.41(b)所示。

当墙体受到较大的偏心压力，则可能在远离压力一侧出现垂直于压力方向的水平裂缝，即在水平砂浆缝与砖界面上形成通缝，如图2.41(c)所示。

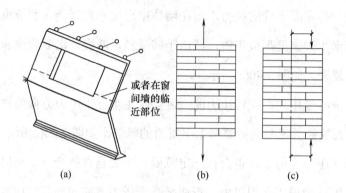

图 2.41　荷载的影响形成水平裂缝示意

当墙体受到水平推力，可能沿水平砂浆缝面形成较长的水平裂缝，这是由于水平推力所产生的剪力超过砂浆的抗剪强度所引起来的。

2．砌体结构裂缝的主要防治措施

砌体结构出现裂缝是非常普遍的质量事故之一。砌体轻微细小裂缝影响外观和使用功能，严重的裂缝影响砌体的承载力，甚至引起倒塌。在很多情况下裂缝的发生与发展往往是大事故的先兆，对此必须认真分析，妥善处理。如前所述，引起砌体结构出现裂缝的因素非常复杂，往往难以进行定量计算，所以应针对具体情况加以分析，采取适当的措施予以解决。防止裂缝出现的方法主要有两种：一是在砌体产生裂缝可能性最大的部位设缝，使此处应力得以释放；二是加强该处的强度，刚度以抵抗附加应力。下面根据不同的影响因素，来谈谈所要采取的预防措施。

1)　地基不均匀沉降引起的裂缝防止措施

(1)　合理设置沉降缝：在房屋体型复杂，特别是高度相差较大时或地基承载力相差过大时，则宜用沉降缝将房屋划分为几个刚度较好的单元。沉降缝应从基础开始分开，房屋层数在二～三层时，沉降缝宽度为 50～80mm；房屋层数在四～五层时，沉降缝宽度 80～

120mm；房屋层数五层以上时，沉降缝宽度不小于 120mm。施工中应保持缝内清洁，应防止碎砖、砂浆等杂物落入缝内。

(2) 加强房屋上部的刚度和整体性，合理布置承重墙间距；对于三层和三层以上的房屋，高宽比 H/B 宜小于或等于 2.5；提高墙体的抗剪能力，减少建筑物端部的门、窗洞口，增大端部洞口到墙端的墙体宽度。墙体内加强钢筋混凝土圈梁布置，特别要增大基础圈梁的刚度。

(3) 在软土地区或土质变化较复杂的地区，利用天然地基建造房屋时，房屋体型力求简单，不宜采用整体刚度较差，对地基不均匀沉降较敏感的内框架房屋。首层窗台下配置适量的通长水平钢筋(一般为 3 道焊接钢筋网片或 $2\phi6$ 钢筋，并伸入两边窗间墙不小于 600mm)，或采用钢筋混凝土窗台板，窗台板嵌入窗间墙不小于 600mm。

(4) 不宜将建筑物设置在不同刚度的地基上，如同一区段建筑，一部分用天然地基，一部分用桩基等。必须采用不同地基时，要妥善处理，并进行必要的计算分析。

(5) 合理安排施工顺序，先建造层数多、荷载大的单元，后施工层数少、荷载小的单元。

2) 温度差和砌体干缩引起裂缝的防止措施

(1) 为了防止或减轻房屋在正常使用条件下，由温度和砌体干缩引起的墙体竖向裂缝，应在墙体中设置伸缩缝。伸缩缝应设在因温度和收缩变形可能引起应力集中、砌体产生裂缝可能性最大的地方。伸缩缝的间距可按表 2.21 采用。

(2) 屋面应设置保温、隔热层。

(3) 屋面保温(隔热)层或屋面刚性面层及砂浆找平层应设置分隔缝，分隔缝间距不宜大于 6m，并与女儿墙隔开，其缝宽不小于 30mm。

(4) 采用装配式有檩体系钢筋混凝土屋盖和瓦材屋盖。

(5) 在钢筋混凝土屋面板与墙体圈梁的接触面处设置水平滑动层，滑动层可采用两层油毡夹滑石粉或橡胶片等；对于长纵墙，可只在其两端的 2～3 个开间内设置，对于横墙可只在其两端个 $L/4$ 范围内设置(L 为横墙长度)。

(6) 顶层屋面板下设置现浇钢筋混凝土圈梁，并沿内外墙拉通，房屋两端圈梁下的墙体内宜适当设置水平钢筋。

表 2.21　砌体房屋伸缩缝的最大间距(m)

屋盖或楼盖类别		间　距
整体式或装配整体式钢筋混凝土结构	有保温层或隔热层的屋盖、楼盖	50
	无保温层或隔热层的屋盖	40
装配式无檩体系钢筋混凝土结构	有保温层或隔热层的屋盖、楼盖	60
	无保温层或隔热层的屋盖	50
装配式有檩体系钢筋混凝土结构	有保温层或隔热层的屋盖、楼盖	75
	无保温层或隔热层的屋盖	60
瓦材屋盖、木屋盖或楼盖、轻钢屋盖		100

注：1. 对烧结普通砖、多孔砖、配筋砌块砌体房屋取表中数值；对石砌体、蒸压灰砂砖、蒸压粉煤灰砖和混凝土砌块房屋取表中数值乘以 0.8 的系数。当有实践经验并采取有效措施时，可不遵守本表规定。
　　2. 在钢筋混凝土屋面上挂瓦的屋盖应按钢筋混凝土屋盖采用。
　　3. 按本表设置的墙体伸缩缝，一般不能同时防止由于钢筋混凝土屋盖的温度变形和砌体干缩变形引起的墙体局部裂缝。
　　4. 层高大于 5m 的烧结普通砖、多孔砖、配筋砌块砌体结构单层房屋，其伸缩缝间距可按表中数值乘以 1.3。
　　5. 温差较大且变化频繁地区和严寒地区不采暖的房屋及构筑物墙体的伸缩缝的最大间距，应按表中数值予以适当减小。
　　6. 墙体的伸缩缝应与结构的其他变形缝相重合，在进行立面处理时，必须保证缝隙的伸缩作用。

(7) 顶层挑梁末端下墙体灰缝内设置 3 道焊接钢筋网片(纵向钢筋不宜少于 $2\phi4$，横筋间距不宜大于 200mm)或 $2\phi6$ 钢筋，钢筋网片或钢筋应自挑梁末端伸入两边墙体不小于 1m，如图 2.42 所示。

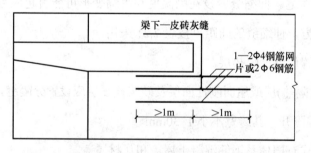

图 2.42　顶层挑梁末端钢筋网片或钢筋示意

(8) 顶层墙体有门窗等洞口时，在过梁上的水平灰缝内设置 2～3 道焊接钢筋网片或 $2\phi6$ 钢筋，并应伸入过梁两端墙内不小于 600mm。

(9) 顶层及女儿墙砂浆强度等级不低于 M5(Mb7.5，Ms7.5)。

(10) 女儿墙应设置构造柱，构造柱间距不宜大于 4m，构造柱应伸至女儿墙顶并与现浇钢筋混凝土压顶整浇在一起。

房屋顶层端部墙体内适当增设构造柱。

屋面保温层施工时，从屋面结构施工完到做完保温层之间有一段时间间隔，这期间如遇高温季节则易因温度变化急剧而开裂，所以屋面施工最好避开高温季节。

遇有长的现浇屋面混凝土挑檐、圈梁时，可分段施工，预留伸缩缝，以避免混凝土伸缩对墙体的不良影响。

3) 地基冻胀引起裂缝的防止措施

(1) 一定要将基础的深度埋置到冰冻线以下。不要因为是中小型建筑或附属结构而把基础置于冰冻线以上。有时设计人员对室内隔墙基础因有采暖而未置于冰冻线以下，从而引起事故。

(2) 在某些情况下，当基础不能做到冰冻线以下时，应采取换成非冻胀土等措施消除土的冻胀。

(3) 用单独基础。采用基础梁承担墙体重量，其两端支于单独基础上，基础梁下面应留有一定孔隙。防止土的冻胀顶裂基础梁和砖墙。

4) 地震作用引起裂缝的防治措施

(1) 按"大震不倒，中震可修，小震不坏"的抗震设计原则对房屋进行抗震设计计算并符合《建筑抗震设计规范》。

(2) 按结构抗震设计规范要求设置圈梁，并应注意圈梁应闭合，遇有洞口时要满足搭接要求。圈梁的截面高度不应小于 120mm，对 6、7 度地震区纵筋至少 $4\phi10$，8 度地震区则至少 $4\phi12$，9 度地震区为 $4\phi12$，箍筋间距不宜过大，对 6、7 度，8 度和 9 度地震烈度分别不宜大于 250mm，200mm 和 150mm。遇到地基不良，空旷房屋等还应适当加强。

5) 承载力不足产生的裂缝防止措施

当出现由于砌体强度不足而导致的裂缝时，应注意观察裂缝宽度、长度随时间的发展情况，在观测的基础上认真分析原因，及时采取有效措施，以避免重大事故的发生。

6) 其他防治措施

(1) 墙体粉刷时，在钢筋混凝土和砌体交接处加设 250mm 宽的钢丝网，可以减少裂缝的产生。

(2) 墙体转角处和纵横墙交接处宜沿竖向每隔 400～500mm 设拉结钢筋，其数量为每

120mm 墙厚不少于 $1\phi6$ 或焊接钢筋网片,埋置长度从墙的转角或交接处算起,对实心砖墙每边不小于 500mm,对多孔砖墙和砌块墙不小于 700mm。

(3) 对灰砂砖、粉煤灰砖、混凝土砌块或其他非烧结砖,宜在各层门、窗过梁上方的水平缝内及窗台下第一和第二道水平灰缝内设置焊接钢筋网片或 $2\phi6$ 钢筋,焊接钢筋网片或钢筋应伸入两边窗间墙内不小于 600mm。

当灰砂砖、粉煤灰砖、混凝土砌块或其他非烧结砖实体墙长大于 5m 时,宜在每层墙高度中部设置 2~3 道焊接钢筋网片或 $3\phi6$ 的通常水平钢筋,竖向间距宜为 500mm。

(4) 为防止或减轻混凝土砌块房屋顶层两端和底层第一、第二开间门窗洞处,可采取以下措施。

在门窗洞口两侧不少于一个孔洞中设置不小于 $1\phi12$ 竖向钢筋,钢筋应在楼层圈梁或基础内锚固,并采用不低于 Cb20 灌孔混凝土灌实。

在门窗洞口两边的墙体的水平灰缝中,设置长度不小于 900mm、竖向间距为 400mm 的 $2\phi4$ 焊接钢筋网片。

在顶层和底层设置通长钢筋混凝土窗台梁,窗台梁的高度宜为块高的模数,纵筋不少于 $4\phi10$,箍筋直径不小于 6mm,间距不大于 200mm,混凝土强度等级不低于 C20。

(5) 当房屋刚度较大时,可在窗台下或窗台角处墙体内设置竖向控制缝。在墙体高度或厚度突然变化处也宜设置竖向控制缝,或采取其他可靠的防裂措施。竖向控制缝的构造和嵌缝材料应能满足墙体平面外传力和防护要求。

(6) 灰砂砖、粉煤灰砖砌体宜采用黏结性好的砂浆砌筑,混凝土砌块砌体应采用砌块专用砂浆砌筑。

(7) 对防裂要求较高的墙体,可根据情况采取专门措施。

课程实训

1. 砌体结构的一般构造要求有哪些?

2. 多层砌房屋的墙体裂缝有哪几种?

3. 防止基础不均匀沉降引起的墙体裂缝有哪些主要措施?

4. 防止收缩和温差引起的墙体裂缝有哪些主要措施?

5. 防止地震作用引起的墙体裂缝有哪些主要措施?

6. 防止地胀作用引起的墙体裂缝有哪些主要措施?

7. 论述墙体的构造要求在墙体设计中的重要性。

8. 圈梁有什么作用? 简述圈梁的设置原则。

9. 构造柱有什么作用? 简述构造柱的设置原则。

10. 圈梁的构造要求有哪些?

11. 构造柱的构造要求有哪些?

12. 引起正八字形裂缝的原因有哪些?

13. 引起倒八字形裂缝的原因有哪些?

14. 引起垂直裂缝的原因有哪些?

15. 引起水平形裂缝的原因有哪些?

第3章　砌体结构构件的承载力计算

【教学目标】

● 掌握砌体墙、柱的整体承载力计算。

● 掌握砌体结构的局部受压承载力计算。

● 了解砌体结构的受拉、受弯、受剪承载力计算。

● 了解各类配筋砌体的承载力计算及构造要求。

【技能要求】

● 能为砌体结构的墙、柱进行承载力计算。

● 能为砌体墙、柱进行局部受压承载力计算。

● 能对受拉、受弯、受剪砌体墙、柱进行承载力计算。能
　为砌体结构选取合适的材料。

【引导案例】

某住宅楼，位于某城市市区，层数为六层，层高 2.8m，总层高为 17.8m，总建筑面积为 6900m²，建筑平、立面图已完成。建筑类别为二类，抗震设防烈度为 8 度，该地区主导风向为西南风，基本分压为 $W_0 = 0.50\text{kN}/\text{m}^2$，基本雪压为 $S_0 = 0.25\text{kN}/\text{m}^2$。楼面做法、地面做法、墙面做法、屋面做法均已确定。采用现浇混凝土楼盖，砌体结构，外墙采用 370 厚机制砖，内墙采用 240 厚机制砖，局部 200 厚墙体采用陶粒混凝土砌块，为横墙承重方案，局部设有大梁。根据实际情况隔层设置圈梁，所有纵横墙交接处设置构造柱。墙体已通过稳定性验算，均满足稳定性能的要求。墙体上的荷载和内力均已求得。在这样的内力作用下，该墙体是否能满足承载力的要求？如何进行计算？支撑大梁的局部砌体在大梁传来的压力作用下能否有效的工作？

本章将介绍砌体结构的承载力计算方法，根据这部分内容进行墙体整体受压的承载力验算及局部受压承载力验算。

3.1   无筋砌体结构构件的受压承载力计算

在砌体结构中，最常用的是受压构件，例如墙、柱等。砌体受压构件的承载力主要与构件的截面面积、砌体的抗压强度、轴向压力的偏心距以及构件的高厚比有关。当构件的 $\beta \leq 3$ 时称为短柱，反之称为长柱。对短柱的承载力可不考虑构件高厚比的影响。

3.1.1   受压构件的受力分析

无筋砌体短柱在轴心受压情况(见图 3.1(a))，其截面上的压应力为均匀分布，当构件达到极限承载力 N_{ua} 时，截面上的压应力达到砌体抗压强度。对偏心距较小的情况，如图 3.1(b) 所示，此时虽为全截面受压，但因砌体为弹塑性材料，截面上的压应力分布为曲线，构件达到极限承载力 N_{ub} 时，轴向压力侧的压应力 σ_b 大于砌体抗压强度 f。但 $N_{\text{ub}} < N_{\text{ua}}$。随着轴向压力的偏心距继续增大(图 3.1(c)、(d))，截面由出现小部分受拉区大部分为受压区，逐渐过渡到受拉区开裂且部分截面退出工作的受力情况。此时，截面上的压应力随受压区面积的减小、砌体材料塑性的增大而有所增加，但构件的极限承载力减小。当受压区面积减小到一定程度时，砌体受压区将出现竖向裂缝导致构件破坏。

无筋砌体轴心受压长柱由于构件轴线的弯曲，截面材料的不均匀和荷载作用偏离重心轴等原因，不可避免地引起侧向变形，使柱在轴向压力作用下发生纵向弯曲而破坏。此时，砌体的材料得不到充分利用，承载力较同条件的短柱减小。偏心受压长柱在偏心距为 e 的轴向压力作用下，因侧向变形而产生纵向弯曲，引起附加偏心距 e_i，使得柱中部截面的轴压向力偏心距增大为 $(e+e_i)$，加速了柱的破坏。所以，对偏心受压长柱应考虑附加偏心距对承载力的影响。

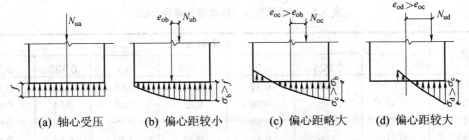

| (a) 轴心受压 | (b) 偏心距较小 | (c) 偏心距略大 | (d) 偏心距较大 |

图 3.1　无筋砌体受压短柱压应力分布

砌体规范在试验研究的基础上，将轴向力偏心距和构件高厚比对受压砌体承载力的影响采用稳定性系数 φ 来反映。

3.1.2　受压构件的承载力计算公式

1. 计算公式

根据受压构件的受力原理，砌体受压构件的承载力按下式计算：

$$N \leqslant \varphi A f \tag{3.1}$$

式中：N——轴向力设计值，即荷载设计值产生的轴向力；

　　　φ——高厚比 β 和轴向力的偏心距 e 对受压构件承载力的影响系数，可按式(3.2)计算或根据砂浆强度等级、β 及 e/h 或 e/h_T 查表 3.1～表 3.3；

$$\varphi = \frac{1}{1+12\left[\dfrac{e}{h}+\sqrt{\dfrac{1}{12}\left(\dfrac{1}{\varphi_0}-1\right)}\right]^2} \tag{3.2}$$

$$e = M/N$$

　　　e——荷载设计值产生的偏心距；

　　　M——荷载设计值产生的弯矩；

φ_0 ——轴心受压构件稳定系数，按式(3.3)计算；

$$\varphi_0 = \frac{1}{1 + \alpha \beta^2}$$ (3.3)

α ——与砂浆强度等级有关的系数，当砂浆强度等级大于或等于 M5 时，$\alpha = 0.0015$，当砂浆强度等级等于 M2.5 时，$\alpha = 0.002$；当砂浆强度为 0 时，$\alpha = 0.009$；

β ——构件高厚比，当 $\beta \leqslant 3$ 时，$\varphi_0 = 1.0$。

表 3.1　影响系数 φ （砂浆强度等级 $\geqslant$ M5）

β	e/h 或 e/h_T						
	0	0.025	0.05	0.075	0.1	0.125	0.15
$\leqslant 3$	1	0.99	0.97	0.94	0.89	0.84	0.79
4	0.98	0.95	0.90	0.85	0.80	0.74	0.69
6	0.95	0.91	0.86	0.81	0.75	0.69	0.64
8	0.91	0.86	0.81	0.76	0.70	0.64	0.59
10	0.87	0.82	0.76	0.71	0.65	0.60	0.55
12	0.845	0.77	0.71	0.66	0.60	0.55	0.51
14	0.795	0.72	0.66	0.61	0.56	0.51	0.47
16	0.72	0.67	0.61	0.56	0.52	0.47	0.44
18	0.67	0.62	0.57	0.52	0.48	0.44	0.40
20	0.62	0.595	0.53	0.48	0.44	0.40	0.37
22	0.58	0.53	0.49	0.45	0.41	0.38	0.35
24	0.54	0.49	0.45	0.41	0.38	0.35	0.32
26	0.50	0.46	0.42	0.38	0.35	0.33	0.30
28	0.46	0.42	0.39	0.36	0.33	0.30	0.28
30	0.42	0.39	0.36	0.33	0.31	0.28	0.26

β	e/h 或 e/h_T					
	0.175	0.2	0.225	0.25	0.275	0.3
$\leqslant 3$	0.73	0.68	0.62	0.57	0.52	0.48
4	0.64	0.58	0.53	0.49	0.45	0.41
6	0.59	0.54	0.49	0.45	0.42	0.38
8	0.54	0.50	0.46	0.42	0.39	0.36
10	0.50	0.46	0.42	0.39	0.36	0.33
12	0.49	0.43	0.39	0.36	0.33	0.31
14	0.43	0.40	0.36	0.34	0.31	0.29
16	0.40	0.37	0.34	0.31	0.29	0.27
18	0.37	0.34	0.31	0.29	0.27	0.25
20	0.34	0.32	0.29	0.27	0.25	0.23
22	0.32	0.30	0.27	0.25	0.24	0.22
24	0.30	0.28	0.26	0.24	0.22	0.21
26	0.28	0.26	0.24	0.22	0.21	0.19
28	0.26	0.24	0.22	0.21	0.19	0.18
30	0.24	0.22	0.21	0.20	0.18	0.17

表 3.2　影响系数 φ（砂浆强度等级 M2.5）

β	e/h 或 e/h_{T}						
	0	0.025	0.05	0.075	0.1	0.125	0.15
≤3	1	0.99	0.97	0.94	0.89	0.84	0.79
4	0.97	0.94	0.89	0.84	0.78	0.73	0.67
6	0.93	0.89	0.84	0.78	0.73	0.67	0.62
8	0.89	0.84	0.78	0.72	0.67	0.62	0.57
10	0.83	0.78	0.72	0.67	0.61	0.56	0.52
12	0.78	0.72	0.67	0.61	0.56	0.52	0.47
14	0.72	0.66	0.61	0.56	0.51	0.47	0.43
16	0.66	0.61	0.56	0.51	0.47	0.43	0.40
18	0.61	0.56	0.51	0.47	0.43	0.40	0.36
20	0.56	0.51	0.47	0.43	0.39	0.36	0.33
22	0.51	0.47	0.43	0.39	0.36	0.33	0.31
24	0.46	0.43	0.39	0.36	0.33	0.31	0.28
26	0.42	0.39	0.36	0.33	0.31	0.28	0.26
28	0.39	0.36	0.33	0.30	0.28	0.26	0.24
30	0.36	0.33	0.30	0.28	0.26	0.24	0.22

β	e/h 或 e/h_{T}					
	0.175	0.2	0.225	0.25	0.275	0.3
≤3	0.73	0.68	0.62	0.57	0.52	0.48
4	0.62	0.57	0.52	0.48	0.44	0.40
6	0.57	0.52	0.48	0.44	0.40	0.37
8	0.52	0.48	0.44	0.40	0.37	0.34
10	0.47	0.43	0.40	0.37	0.34	0.31
12	0.43	0.40	0.37	0.34	0.31	0.29
14	0.40	0.36	0.34	0.31	0.29	0.27
16	0.36	0.34	0.31	0.29	0.26	0.25
18	0.33	0.31	0.29	0.26	0.24	0.23
20	0.31	0.28	0.26	0.24	0.23	0.21
22	0.28	0.26	0.24	0.23	0.21	0.20
24	0.26	0.24	0.23	0.21	0.20	0.18
26	0.24	0.22	0.21	0.20	0.18	0.17
28	0.22	0.21	0.20	0.18	0.17	0.16
30	0.21	0.20	0.18	0.17	0.16	0.15

表 3.3　影响系数 φ(砂浆强度 0)

β	e/h 或 e/h_T						
	0	0.025	0.05	0.075	0.1	0.125	0.15
≤3	1	0.99	0.97	0.94	0.89	0.84	0.79
4	0.87	0.82	0.77	0.71	0.66	0.60	0.55
6	0.76	0.70	0.65	0.59	0.64	0.50	0.46
8	0.63	0.58	0.54	0.49	0.45	0.41	0.38
10	0.53	0.48	0.44	0.41	0.37	0.34	0.32
12	0.44	0.40	0.37	0.34	0.31	0.29	0.27
14	0.36	0.33	0.31	0.28	0.26	0.24	0.23
16	0.30	0.28	0.26	0.24	0.22	0.21	0.19
18	0.26	0.24	0.22	0.21	0.19	0.18	0.17
20	0.22	0.20	0.19	0.18	0.17	0.16	0.15
22	0.19	0.18	0.16	0.15	0.14	0.14	0.13
24	0.16	0.15	0.14	0.13	0.13	0.12	0.11
26	0.14	0.13	0.13	0.12	0.11	0.11	0.10
28	0.12	0.12	0.11	0.11	0.10	0.10	0.09
30	0.11	0.10	0.10	0.09	0.09	0.09	0.08

β	e/h 或 e/h_T					
	0.175	0.2	0.225	0.25	0.275	0.3
≤3	0.73	0.68	0.62	0.57	0.52	0.48
4	0.51	0.46	0.43	0.39	0.36	0.33
6	0.42	0.39	0.36	0.33	0.30	0.28
8	0.35	0.32	0.30	0.28	0.25	0.24
10	0.29	0.27	0.25	0.23	0.22	0.20
12	0.25	0.23	0.21	0.20	0.19	0.17
14	0.21	0.20	0.18	0.17	0.16	0.15
16	0.18	0.17	0.16	0.15	0.14	0.13
18	0.16	0.15	0.14	0.13	0.12	0.12
20	0.14	0.13	0.12	0.12	0.11	0.10
22	0.12	0.12	0.11	0.10	0.10	0.09
24	0.11	0.10	0.10	0.09	0.09	0.08
26	0.10	0.09	0.09	0.08	0.08	0.07
28	0.09	0.08	0.08	0.08	0.07	0.07
30	0.08	0.07	0.07	0.07	0.07	0.06

对 T 形或十字形截面受压构件，将式(3.2)中的 h 用 h_T 代替即可。h_T 是 T 形或十字形截

面的折算厚度，$h_T = 3.5i$，i 指截面的回转半径。

2．公式使用中注意的问题

(1) 对矩形截面构件，当轴向力偏心方向的截面边长大于另一方向的边长时，除按偏心受压计算外，还应对较小边长方向按轴心受压进行验算，验算公式为 $N \leqslant \varphi_0 Af$，φ_0 可按式(3.1)计算也可查表 3.1～表 3.3 中 $e = 0$ 一栏。

(2) 由于砌体材料的种类不同，构件的承载能力有较大的差异，因此，计算影响系数 φ 或查表求 φ 时，构件高厚比 β 按下列公式确定。

对矩形截面

$$\beta = \gamma_\beta \frac{H_0}{h} \tag{3.4}$$

对 T 形截面

$$\beta = \gamma_\beta \frac{H_0}{h_T} \tag{3.5}$$

式中：γ_β——不同砌体材料构件的高厚比修正系数，按表 3.4 采用；

H_0——受压构件的计算高度，按表 2.15 确定。

表 3.4　高厚比修正系数 γ_β

砌体材料的类别	γ_β
烧结普通砖、烧结多孔砖	1.0
混凝土普通砖、混凝土多孔砖、混凝土及轻骨料混凝土砌块	1.1
蒸压灰砂普通砖、蒸压粉煤灰普通砖、细料石	1.2
粗料石、毛石	1.5

注：对灌孔混凝土砌块砌体，$\gamma_\beta = 1.0$。

(3) 由于轴向力的偏心距 e 较大时，构件在使用阶段容易产生较宽的水平裂缝，使构件的侧向变形增大，承载力显著下降，既不安全也不经济。因此，《规范》规定按内力设计值计算的轴向力的偏心距 $e \leqslant 0.6y$，y 为截面重心到轴向力所在偏心方向截面边缘的距离。

当轴向力的偏心距 e 超过 $0.6y$ 时，宜采用组合砖砌体构件；亦可采取减少偏心距的其他可靠工程措施。

3. 双向偏心压构件的承载力计算

以上分析偏心受压构件时，主要分析的是轴向压力沿截面某一个主轴方向有偏心距或同时承受轴心压力和单向弯矩作用的情况，即单向偏心受压。除此之外，工程上还会遇到轴向压力沿截面两个主轴方向都有偏心距或同时承受轴心压力和两个方向弯矩作用的情况。这种受力形式称之为双向偏心受压，如图 3.2 所示，其受力性能比单向偏心受压复杂。试验表明，双向偏心受压构件在两个方向上偏心率(沿构件截面某方向的轴向力偏心距与该方向边长比值)的大小及其相对关系的改变，影响着构件的性能，使其有不同的破坏形态和特点。偏心距 e_h、e_b 的大小不同，则砌体的竖向裂缝、水平裂缝的出现与发展也不同，而且砌体的破坏形式也不同。当两个方向的偏心率 e_h/h、e_b/b 均小于 0.2 时，砌体的受力、开裂以及破坏形式与轴心受压构件基本相同；当两个方向的偏心率达到 0.2～0.3 时，砌体内的竖向裂缝和水平裂缝几乎同时出现；当两个方向的偏心率达到 0.3～0.4 时，砌体内的水平裂缝首先出现；当一个方向的偏心率超过 0.4，而另一个方向的偏心率小于 0.1 时，砌体的受力性能与单向偏心受压基本相同。

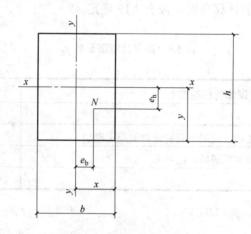

图 3.2　双向偏心受压截面

根据砌体双向偏心受压短柱的试验结果，并考虑纵向弯曲引起的附加偏心距的影响，《规范》给出矩形截面双向偏心受压构件承载力的影响系数计算公式为：

$$\varphi = \frac{1}{1+12\left[\left(\dfrac{e_b+e_{ib}}{b}\right)^2+\left(\dfrac{e_h+e_{ib}}{h}\right)^2\right]} \tag{3.6}$$

$$e_{ib} = \frac{b}{\sqrt{12}} \sqrt{\frac{1}{\varphi_0} - 1} \left[\frac{\dfrac{e_b}{b}}{\dfrac{e_b}{b} + \dfrac{e_h}{h}} \right] \tag{3.7}$$

$$e_{ih} = \frac{h}{\sqrt{12}} \sqrt{\frac{1}{\varphi_0} - 1} \left[\frac{\dfrac{e_h}{h}}{\dfrac{e_b}{b} + \dfrac{e_h}{h}} \right] \tag{3.8}$$

式中：e_b，e_h——轴向力在截面重心 x 轴、y 轴方向的偏心距，e_b，e_h 宜分别不大于 $0.5x$ 和

$\qquad\qquad$ $0.5y$；

$\qquad$ x，y——自截面重心沿 x 轴、y 轴至轴向力所在偏心方向截面边沿的距离；

$\qquad$ e_{ib}，e_{ih}——轴向力在截面重心 x 轴、y 轴方向的附加偏心距。

当一个方向的偏心率(e_h/h 或 e_b/b)不大于另一个方向的偏心率的 5% 时，可简化按另一个方向的单向偏心受压计算，其承载力的误差小于 5%。

【例 3.1】 某房屋中截面尺寸为 400mm×600mm 的柱，采用 MU10 混凝土小型空心砌块和 Mb5 混合砂浆砌筑，柱的计算高度 $H_0 = 3.6\text{m}$，柱底截面承受的轴心压力标准值 $N_k = 220\,\text{kN}$(其中由永久荷载产生的为 170 kN，已包括柱自重)。试计算柱的承载力。

解： 查表 2.3 得，砌块砌体的抗压强度设计值 $f = 2.22\text{MPa}$。

因为　$A = 0.4 \times 0.6 = 0.24\,\text{m}^2 < 0.3\,\text{m}^2$，故砌体抗压强度设计值 f 应乘以调整系数

$$\gamma_a = 0.7 + A = 0.7 + 0.24 = 0.94$$

由于柱的计算高度 $H_0 = 3.6\text{m}$，$\beta = \gamma_\beta H_0 / b = 1.1 \times 3600 / 400 = 9.9$，按轴心受压 $e = 0$ 查表 3.1 得 $\varphi = 0.87$。

考虑为独立柱，且双排组砌，故乘以强度降低系数 0.7，则柱的极限承载力为：

$$N_u = \varphi \gamma_a f A = 0.87 \times 0.24 \times 10^6 \times 0.94 \times 2.22 \times 10^{-3} \times 0.7 = 305.0\text{kN}$$

柱截面的轴心压力设计值为：

$$N = 1.35 S_{GK} + 1.4 S_{QK} = 1.35 \times 170 + 1.4 \times 50 = 299.5\text{kN}$$

$N < N_u$，满足承载力要求。

【例 3.2】 一承受轴心压力的砖柱，截面尺寸 370mm×490mm，采用烧结普通砖 Mu10，施工阶段，砂浆尚未硬化，施工质量控制等级为 B 级。柱顶截面承受轴心压力设计值为 40kN，

柱的计算高度为 3.5m。试验算该柱的承载力是否满足要求。

解： 砖柱自重为 $18 \times 0.37 \times 0.49 \times 3.5 \times 1.2 = 13.7$kN

柱底截面上的轴向力设计值 $N = 40 + 13.7 = 53.7$kN

砖柱高厚比 $\beta = \gamma_\beta H_0 / b = 1.0 \times 3.5 / 0.37 = 9.46$

轴心受压砖柱 $e = 0$

施工阶段，砂浆尚未硬化，取砂浆强度为 0。

查表 2.20，得 $\varphi = 0.557$，

$$A = 0.37 \times 0.49 = 0.181\text{m}^2 < 0.3\text{m}^2$$

$$\gamma_a = 0.7 + A = 0.7 + 0.181 = 0.881$$

查表 2.5 得烧结普通砖砌体的抗压强度设计值 $f = 0.67$MPa

$$N_u = \varphi \gamma_a f A = 0.557 \times 0.881 \times 0.67 \times 0.181 \times 10^3 = 59.5\text{kN}$$

$N < N_u$，满足承载力要求。

【例 3.3】 某房屋中截面尺寸 $b \times h = 490\text{mm} \times 740\text{mm}$ 的柱，采用 MU15 蒸压灰砂砖和 M5 水泥砂浆砌筑，柱的计算高度 $H_0 = 5.4$m，柱底截面承受的轴心压力设计值 $N = 365$kN，弯距设计值 $M = 31$kN·m(沿长边方向)，试验算柱的承载力。

解： 查表 2.6 得砌体的抗压强度设计值 $f = 1.83$MPa

因为 $A = 0.49 \times 0.74 = 0.36\text{m}^2 > 0.3\text{m}^2$，故调整系数 $\gamma_a = 1.0$。

(1) 偏心方向柱的承载力验算。

轴向力的偏心距 $e = \dfrac{M}{N} = \dfrac{31}{365} \times 10^3 = 84.9\text{mm} < 0.6y = 0.6 \times 370 = 222\text{mm}$

根据 $\beta = \gamma_\beta H_0 / b = 1.2 \times 5400 / 740 = 8.76$，$e/h = 84.9/740 = 0.11$，查表 3.1，得 $\varphi = 0.66$

柱的极限承载力为：

$$N_u = \varphi \gamma_a f A = 0.66 \times 1.0 \times 1.83 \times 10^{-3} \times 0.36 \times 10^6 = 434.8\text{kN} > N = 365\text{kN}$$

偏心方向柱的承载力满足要求。

(2) 短边方向按轴心受压验算承载力。

$\beta = \gamma_\beta H_0 / b = 1.2 \times 5400 / 490 = 13.22$，查表 3.1 得 $\varphi = 0.79$

$$N_u = \varphi \gamma_a f A = 0.79 \times 1.0 \times 1.83 \times 10^{-3} \times 0.36 \times 10^6 = 520.5\text{kN} > N = 365\text{kN}$$

短边方向的轴心受压承载力满足要求。

【例3.4】某单层厂房带壁柱的窗间墙截面尺寸如图 3.3 所示,柱的计算高度 $H_0 = 5.1\text{m}$,采用 MU15 烧结粉煤灰砖和 M7.5 水泥砂浆砌筑,承受轴心压力设计值 $N = 255\text{ kN}$,弯矩设计值 $M = 22\text{ kN}\cdot\text{m}$,试验算其截面承载力是否满足要求。

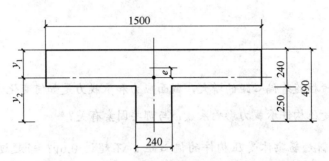

图 3.3 带壁柱窗间墙截面

解: (1) 截面几何特征值计算。

截面面积: $A = 1500 \times 240 + 240 \times 250 = 420000\text{mm}^2$

截面重心轴: $y_1 = \dfrac{1500 \times 240 \times 120 + 240 \times 250 \times (240 + 125)}{420000} = 155\text{mm}$

$y_2 = 490 - 155 = 335\text{mm}$

截面惯性矩:

$$I = \frac{1500 \times 240^3}{12} + 1500 \times 240 \times (155 - 120)^2 + \frac{240 \times 250^3}{12} + 240 \times 250 \times (335 - 125)^2$$

$$= 51275 \times 10^5 \text{mm}^4$$

回转半径: $i = \sqrt{\dfrac{I}{A}} = \sqrt{\dfrac{51275 \times 10^5}{420000}} = 110.5\text{mm}$

截面折算厚度: $h_\text{T} = 3.5i = 3.5 \times 110.5 = 386.75\text{mm}$

(2) 承载力计算。

轴向力的偏心距: $e = \dfrac{M}{N} = \dfrac{22}{255} \times 10^3 = 86.3\text{mm} < 0.6y = 0.6 \times 155 = 93\text{mm}$

根据 $\beta = \gamma_\beta H_0 / h_\text{T} = 1.0 \times 5100 / 386.75 = 13.2$,$e/h_\text{T} = 86.3 / 386.75 = 0.223$,查表 3.1 得 $\varphi = 0.375$。

查表 2.5,得砌体抗压强度设计值 $f = 2.07\text{MPa}$,因为水泥砂浆 M7.5>M5,故 γ_a 不调整。

窗间墙截面极限承载力为：

$$N_u = \varphi\gamma_a fA = 0.375 \times 1.0 \times 2.07 \times 10^{-3} \times 0.42 \times 10^6 = 326.03\text{kN} > N = 255\text{kN}$$

$N < N_u$，满足承载力要求。

课程实训

思考题

1. 砌体受压短柱随着偏心距的增大，截面应力和承载力是如何变化的？

2. 无筋砌体受压构件承载力影响系数 φ 与哪些因素有关？

3. 为什么限制无筋砌体受压构件的偏心距 e 不超过 $0.6y$？当超过时，可采取什么措施？

习题

1. 某柱的截面尺寸为 370mm×370mm，采用 MU10 烧结普通砖及 M5 水泥砂浆砌筑，柱的计算高度 H_0=3.6m，柱底截面处承受的轴心压力设计值 N=110kN，试验算柱的承载力。

2. 某房屋中截面尺寸为 370mm×490mm 的柱，采用 MU10 烧结多孔砖及 M5 混合砂浆砌筑，柱的计算高度 H_0=3.2m，柱顶截面处承受的轴心压力标准值 N_k=155kN(其中永久荷载 128kN，已包括柱自重)，试验算柱的承载力。

3. 某单层单跨仓库的窗间墙尺寸如图 3.4 所示。采用 MU10 烧结普通砖和 M5 混合砂浆砌筑。柱的计算高度 H_0=5.5m。当承受轴向压力设计值 N=195kN，弯矩设计值 M=13kN·m 时，试验算其截面承载力。

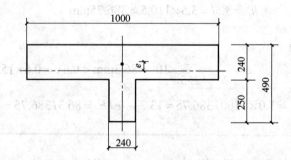

图 3.4　某单层单跨仓库的窗间墙尺寸

3.2　无筋砌体结构构件的局部受压承载力计算

3.2.1　局部均匀受压

1. 砌体局部抗压强度提高系数 γ

当砌体抗压强度设计值为 f 时，砌体局部均匀受压时的抗压强度可取为 γf；γ 称为砌体局部抗压强度提高系数。根据试验结果，γ 的大小与周边约束局部受压面积的砌体截面面积的大小以及局部受压砌体所处的位置有关，如图 3.5 所示。可按公式(3.9)确定：

$$\gamma = 1 + 0.35\sqrt{\frac{A_0}{A_l} - 1} \tag{3.9}$$

式中：A_l——局部受压面积；

A_0——影响砌体局部抗压强度的计算面积(图 3.5)，按下列规定采用：对图 3.5(a)，$A_0 = (a + c + h)h$；对图 3.5(b)，$A_0 = (b + 2h)h$；对图 3.5(c)，$A_0 = (a + h)h + (b + h_1 - h)h_1$；对图 3.5(d)，$A_0 = (a + h)h$；

a、b——矩形局部受压面积 A_l 的边长；

c——矩形局部受压面积的外边缘至构件边缘的较小距离，当大于 h 时，应取为 h；

h、h_1——墙厚或柱的较小边长，墙厚。

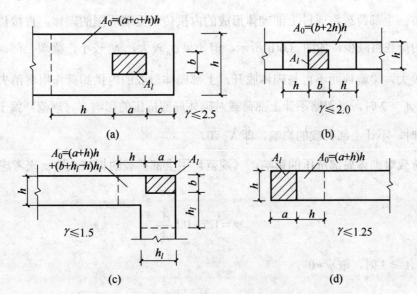

图 3.5　影响局部抗压强度的计算面积 A_0 及 γ 限值

同时，为了避免 A_0/A_l 大于某一限值时会出现危险的劈裂破坏，γ 值不得超过图 3.5 中所注的相应值；对多孔砖砌体及按规定要求灌孔的砌块砌体，$\gamma \leqslant 1.5$；未灌孔的混凝土砌块砌体，$\gamma = 1.0$。

2. 局部均匀受压承载力计算

砌体截面中受局部均匀压力时的承载力按下式计算：

$$N_l \leqslant \gamma f A_l \tag{3.10}$$

式中：N_l——局部受压面积 A_l 上的轴向力设计值；

f——砌体的抗压强度设计值，可不考虑强度调整系数 γ_a 的影响。

3.2.2 梁端支承处砌体局部受压

1. 上部荷载对砌体局部抗压的影响

梁端支承处砌体的局部受压属局部不均匀受压。如图 3.6 所示为梁端支承在墙体中部的局部受压情况。梁端支承处砌体的局部受压面积上除承受梁端传来的支承压力 N_l 外，还承受由上部荷载产生的轴向力 N_0，如图 3.6(a)所示。如果上部荷载在梁端上部砌体中产生的平均压应力 σ_0 较小，即上部砌体产生的压缩变形较小；而此时，若 N_l 较大，梁端底部的砌体将产生较大的压缩变形；由此使梁端顶面与砌体逐渐脱开形成水平缝隙，砌体内部产生应力重分布。上部荷载将通过上部砌体形成的内拱传到梁端周围的砌体，直接传到局部受压面积上的荷载将减少，如图 3.6(b)所示。但如果 σ_0 较大，N_l 较小，梁端上部砌体产生的压缩变形较大，梁端顶面不再与砌体脱开，上部砌体形成的内拱卸荷作用将消失。试验指出，当 $A_0/A_l > 2$ 时，可忽略不计上部荷载对砌体局部抗压的影响。《规范》偏于安全，取 $A_0/A_l \geqslant 3$ 时，不计上部荷载的影响，即 $N_0 = 0$。

上部荷载对砌体局部抗压的影响，《规范》用上部荷载的折减系数 ψ 来考虑，ψ 按下式计算：

$$\psi = 1.5 - 0.5\frac{A_0}{A_l} \tag{3.11}$$

当 $A_0/A_l \geqslant 3$ 时，取 $\psi = 0$。

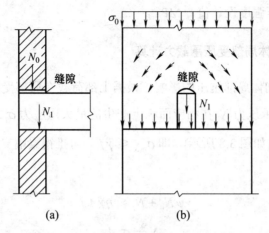

图 3.6　梁端支承在墙体中部的局部受压

2. 梁端有效支承长度

梁端支承在砌体上时,由于梁的挠曲变形(如图 3.7 所示)和支承处砌体压缩变形的影响,在梁端实际支承长度 a 范围内,下部砌体并非全部起到有效支承的作用。因此梁端下部砌体局部受压的范围应只在有效支承长度 a_0 范围内,砌体局部受压面积应为 $A_l = a_0 b$ (b 为梁的宽度)。

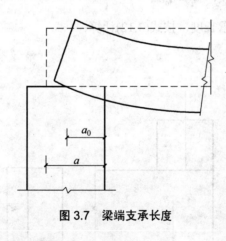

图 3.7　梁端支承长度

《规范》给出梁端有效支承长度的计算公式为:

$$a_0 = 10\sqrt{\frac{h_c}{f}} \tag{3.12}$$

式中:　a_0——梁端有效支承长度,单位 mm,当 $a_0 > a$ 时,取 $a_0 = a$;

　　　　h_c——梁的截面高度,单位 mm;

f ——砌体抗压强度设计值，MPa。

3. 梁端支承处砌体局部受压承载力计算

考虑上部荷载对砌体局部抗压的影响，根据上部荷载在局部受压面积上产生的实际平均压应力 σ_0' 与梁端支承压力 N_l 在相应面积上产生的最大压应力 σ_1 之和不大于砌体局部抗压强度 γf 的强度条件(如图 3.8 所示)，即 $\sigma_{\max} \leqslant \gamma f$，可推得梁端支承处砌体局部受压承载力计算公式为：

$$\psi N_0 + N_l \leqslant \eta \gamma A_l f \qquad (3.13)$$

$$N_0 = \sigma_0 A_l$$

式中：ψ ——上部荷载的折减系数，按公式(3.11)计算；

N_0 ——局部受压面积内上部轴向力设计值；

σ_0 ——上部平均压应力设计值；

N_l ——梁端支承压力设计值；

η ——梁端底面压应力图形的完整系数，一般取 0.7，对于过梁和墙梁可取 1.0；

A_l ——局部受压面积，$A_l = a_0 b$；

a_0 ——梁端有效支承长度，按式(3.12)计算；

b ——梁宽。

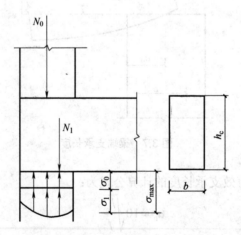

图 3.8　梁端支承处砌体应力状态

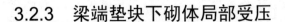

3.2.3 梁端垫块下砌体局部受压

梁端支承处的砌体局部受压承载力不满足式(3.13)的要求时，可在梁端下的砌体内设置垫块。通过垫块可增大局部受压面积，减少垫块下砌体上的压应力，有效地解决砌体的局部承载力不足的问题。

1. 刚性垫块的构造要求

当垫块的高度 $t_b \geqslant 180\text{mm}$，且垫块自梁边缘起挑出的长度不大于垫块的高度时，称为刚性垫块。它不但可以增大局部受压面积，还可使梁端压力能均匀地传至砌体表面。实际工程中常采用刚性垫块。刚性垫块按施工方法不同分为预制刚性垫块和与梁端现浇成整体的刚性垫块，如图 3.9 所示。垫块一般采用素混凝土制作；当荷载较大时，也可采用钢筋混凝土的。

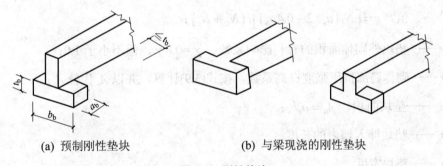

(a) 预制刚性垫块　　　　　　(b) 与梁现浇的刚性垫块

图 3.9　刚性垫块

刚性垫块的构造应符合下列规定。

(1) 垫块的高度 $t_b \geqslant 180\text{mm}$，自梁边缘算起的垫块挑出长度不宜大于垫块的高度 t_b。

(2) 在带壁柱墙的壁柱内设置刚性垫块时(如图 3.10 所示)，其计算面积应取壁柱范围内的面积，而不应计算翼缘部分，同时壁柱上垫块伸入翼墙内的长度不应小于 120mm。

(3) 现浇垫块与梁端整体浇筑时，垫块可在梁高范围内设置。

2. 垫块下砌体局部受压承载力计算

试验表明垫块底面积以外的砌体对局部受压范围内的砌体有约束作用，使垫块下的砌体抗压强度提高，但考虑到垫块底面压应力分布不均匀，偏于安全，取垫块外砌体的有利影响系数 $\gamma_1 = 0.8\gamma$；同时，垫块下砌体的受力状态接近偏心受压情况。故垫块下砌体局部受

压承载力可按下式计算：

$$N_0 + N_l \leqslant \varphi\gamma_1 f A_b \tag{3.14}$$

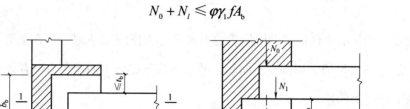
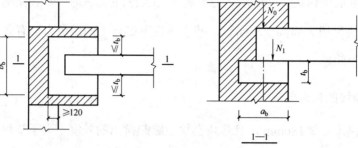

图 3.10　壁柱上设置垫块时梁端局部承压

式中：N_0——垫块面积 A_b 内上部轴向力设计值，$N_0 = \sigma_0 A_b$；

　　　σ_0——上部平均压应力设计值；

　　　φ——垫块上的 N_0 及 N_l 合力的影响系数，可根据 e/a_b 查表 3.1～表 3.3 中 $\beta \leqslant 3$ 的 φ 值，$e = \left[N_l \left(a_b/2 - 0.4a_0\right)\right]/(N_0 + N_l)$；

　　　γ_1——垫块外砌体面积的有利影响系数，$\gamma_1 = 0.8\gamma$，但不小于 1.0；

　　　γ——砌体局部抗压强度提高系数，按式(3.9)计算，并以 A_b 代替 A_l；

　　　A_b——垫块面积，$A_b = a_b b_b$；

　　　a_b——垫块伸入墙内的长度；

　　　b_b——垫块宽度。

3. 梁端有效支承长度

当梁端设有刚性垫块时，梁端有效支承长度 a_0 考虑刚性垫块的影响，采用刚性垫块上表面梁端有效支承长度，按下式计算：

$$a_0 = \delta_1 \sqrt{\frac{h_c}{f}} \tag{3.15}$$

式中：δ_1——刚性垫块的影响系数，按表 3.5 采用。

表 3.5　刚性垫块的影响系数 δ_1

σ_0/f	0	0.2	0.4	0.6	0.8
δ_1	5.4	5.7	6.0	6.9	7.8

注：表中其间的数值可采用插入法求得。

梁端支承压力设计值 N_l 距墙内边缘的距离可取 $0.4a_0$。

3.2.4　梁下设有长度大于 πh_0 的垫梁下的砌体局部受压

在实际工程中，常在梁或屋架端部下面的砌体墙上设置连续的钢筋混凝土梁，如圈梁等。此钢筋混凝土梁可把承受的局部集中荷载扩散到一定范围的砌体墙上起到垫块的作用，故称为垫梁，如图 3.11 所示。

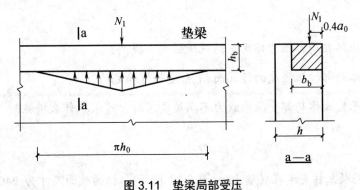

图 3.11　垫梁局部受压

当梁下设有长度大于 πh_0 的钢筋混凝土垫梁时，由于垫梁是柔性的，置于墙上的垫梁在屋面梁或楼面梁的作用下，相当于承受集中荷载的"弹性地基"上的无限长梁。在局部集中荷载作用下，垫梁下砌体受到的竖向压应力在长度 πh_0 范围内分布为三角形，应力峰值在垫梁下砌体局压承载力极限状态时可达 $1.5f$。此时，垫梁下的砌体局部受压承载力可按下列公式计算：

$$N_0 + N_l \leqslant 2.4\delta_2 f b_b h_0 \tag{3.16}$$

$$N_0 = \frac{\pi b_b h_0 \sigma_0}{2} \tag{3.17}$$

$$h_0 = 2\sqrt[3]{\frac{E_b I_b}{Eh}} \tag{3.18}$$

式中：N_0——垫梁上部轴向力设计值，单位 N；

　　　δ_2——垫梁底面压应力分布系数，当荷载沿墙厚方向均匀分布时，取 1.0，不均匀时

　　　　　　取 0.8；

　　　b_b——垫梁在墙厚方向的宽度，单位 mm；

　　　h_0——垫梁折算高度，单位 mm；

E_b、I_b——垫梁的混凝土弹性模量和截面惯性矩;

E——砌体弹性模量;

h——墙厚,单位 mm。

垫梁上梁端有效支承长度a_0,可按设有刚性垫块时的式(3.15)计算。

课程实训

思考题

1. 为什么砌体在局部压力作用下的抗压强度可提高?

2. 影响砌体局部抗压强度的计算面积A_0是如何确定的?

3. 梁端支承处砌体局部受压承载力不满足要求时,可采取什么措施?

习题

1. 某钢筋混凝土柱支承在砖墙上(如图 3.12 所示),柱的截面尺寸为 240mm×240mm,墙的厚度为 240mm,砖墙采用 MU10 烧结普通砖和 M7.5 混合砂浆砌筑。柱传来的轴心压力设计值 N_0=140kN,试验算柱下砌体局部受压承载力是否满足要求。

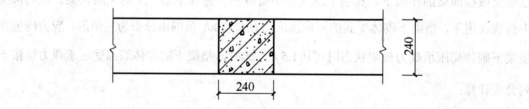

240

图 3.12 钢筋混凝土柱支承在墙上

2. 某钢筋混凝土梁支承在窗间墙上(如图 3.13 所示),梁的截面尺寸 $b×h$=250mm×550mm,在窗间墙上的支承长度 a=240mm。窗间墙的截面尺寸为 1200mm×240mm,采用 MU10 烧结普通砖和 M2.5 混合砂浆砌筑。梁端支承压力设计值 N_l=130kN,梁底墙体截面由上部荷载设计值产生的轴向力 N_0=45kN,试验算梁端支承处砌体局部受压承载力。若不满足要求,设置刚性垫块,并进行验算。

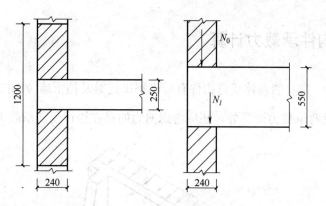

图 3.13 钢筋混凝土梁支承在墙上

3.3 砌体构件受拉、受弯及受剪承载力计算

3.3.1 受拉构件承载力计算

因砌体的抗拉强度较低,故实际工程中采用的砌体轴心受拉构件较少。对容积较小的圆形水池或筒仓,在液体或松散物料的侧压力作用下,池壁或筒壁内只产生环向拉力时,采用其他砌体结构,如图 3.14 所示。

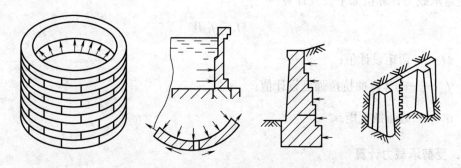

图 3.14 砌体轴心受拉

砌体轴心受拉构件的承载力按下式计算:

$$N_t \leqslant f_t A \tag{3.19}$$

式中: N_t——轴向拉力设计值;

f_t——砌体的轴心抗拉强度设计值;

3.3.2 受弯构件承载力计算

在实际工程中，常见的砌体受弯构件有砖砌平拱过梁及挡土墙(如图 3.15 所示)等。对受弯构件，除进行受弯承载力计算外，还应考虑剪力的存在进行受剪承载力计算。

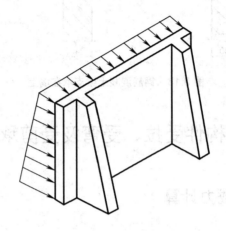

图 3.15 砌体受弯构件

1. 受弯承载力计算

受弯承载力计算按如下公式计算：

$$M \leqslant f_{tm} W \tag{3.20}$$

式中： M ——弯矩设计值；

f_{tm} ——砌体弯曲抗拉强度设计值；

W ——截面抵抗矩。

2. 受剪承载力计算

受剪承载力计算按如下公式计算：

$$V \leqslant f_v b z \tag{3.21}$$

式中： V ——剪力设计值；

f_v ——砌体的抗剪强度设计值；

b ——截面宽度；

z ——内力臂，$z = I/S$，当截面为矩形时取 $z = 2h/3$；

I ——截面惯性矩；

S——截面面积矩；

h——截面高度。

3.3.3　受剪构件承载力计算

无筋砌体墙在垂直压力和水平剪力作用下，可能产生沿水平通缝截面或沿阶梯形截面的受剪破坏，如图 3.16 所示。

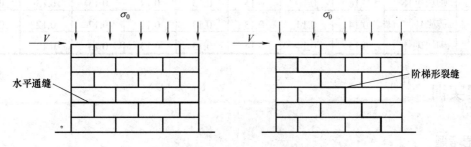

图 3.16　无筋砌体墙受剪

试验表明砌体的受剪承载力不仅与砌体的抗剪强度 f_v 有关，而且与作用在截面上的垂直压应力 σ_0 的大小有关。随着垂直压应力 σ_0 的增加，截面上的内摩擦力增大，砌体的受剪承载力提高。但当垂直压应力 σ_0 增加到一定程度后，截面上的内摩擦力逐渐减少，砌体的受剪承载力下降。因此，《规范》给出沿通缝或沿阶梯形截面破坏时受剪构件承载力计算公式为：

$$V \leqslant (f_v + \alpha\mu\sigma_0)A \tag{3.22}$$

式中：V——截面剪力设计值；

f_v——砌体的抗剪强度设计值，对灌孔的混凝土砌块砌体取 f_{vg}；

α——修正系数。当 $\gamma_G = 1.2$ 时，砖砌体取 0.60，混凝土砌块砌体取 0.64；当 $\gamma_G = 1.35$ 时，砖砌体取 0.64，混凝土砌块砌体取 0.66；

μ——剪压复合受力影响系数，当 $\gamma_G = 1.2$ 时，$\mu = 0.26 - 0.082\dfrac{\sigma_0}{f}$；当 $\gamma_G = 1.35$ 时，$\mu = 0.23 - 0.065\dfrac{\sigma_0}{f}$；

σ_0——永久荷载设计值产生的水平截面平均压应力；

f——砌体的抗压强度设计值；

$\dfrac{\sigma_0}{f}$——轴压比，且不大于 0.8。

α 与 μ 的乘积可查表 3.6。

表 3.6　当 γ_G=1.2 及 γ_G=1.35 时 α、μ 值

γ_G	σ_0/f	0.1	0.2	0.3	0.4	0.5	0.6	0.7	0.8
1.2	砖砌体	0.15	0.15	0.14	0.14	0.13	0.13	0.12	0.12
	砌块砌体	0.16	0.16	0.15	0.15	0.14	0.13	0.13	0.12
1.35	砖砌体	0.14	0.14	0.13	0.13	0.13	0.12	0.12	0.11
	砌块砌体	0.15	0.14	0.14	0.13	0.13	0.13	0.12	0.12

课程实训

思考题

1. 砌体受拉承载力受什么因素影响？

2. 砌体受弯承载力受什么因素影响？

3. 砌体受剪承载力受什么因素影响？

习题

1. 某圆形水池的池壁采用 MU10 烧结普通砖和 M5 水泥砂浆砌筑，池壁厚 490mm，承受轴向拉力设计值 N_t=50kN/m，试验算池壁的受拉承载力。

2. 某矩形浅水池的池壁底部厚 740mm，采用 MU15 烧结普通砖和 M7.5 水泥砂浆砌筑。池壁水平截面承受的弯矩设计值 M=9.6kN·m/m，剪力设计值 V=16.8kN/m，试验算截面承载力是否满足要求。

3. 某拱支座截面厚度 370mm，采用 MU10 烧结普通砖和 M5 水泥砂浆砌筑。支座截面承受剪力设计值 V=33kN/m，永久荷载产生的纵向力设计值 N=45kN/m（γ_G=1.2）。试验算拱支座截面的抗剪承载力是否满足要求。

3.4　配筋砌体构件的承载力计算

3.4.1　网状配筋砖砌体构件

1．受压性能

网状配筋砖砌体(如图 3.17 所示)轴心受压时，其破坏过程与无筋砌体类似，也可分为三个受力阶段。

第一阶段：随压力的增加至出现第一条或第一批裂缝。此阶段砌体的受力特点与无筋砌体的相同，仅产生第一批裂缝时的压力为破坏压力的 60%～75%，较无筋砌体的高。

第二阶段：随压力进一步增大至裂缝不断发展。此阶段砌体的破坏特征与无筋砌体的破坏特征有较大不同。主要表现在裂缝数量增多，但裂缝发展较为缓慢，且砌体内的竖向裂缝受横向钢筋网的约束均产生在钢筋网之间，而不能沿整个砌体高度形成连续的裂缝。

第三阶段，压力至极限值，砌体内有的砖严重开裂或被压碎，砖体完全破坏。此阶段一般不会像无筋砌体那样形成竖向小住体，砖的强度得到较充分发挥，砌体抗压强度有较大程度的提高。

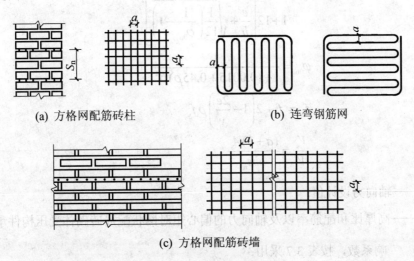

(a) 方格网配筋砖柱　　　　　　　　(b) 连弯钢筋网

(c) 方格网配筋砖墙

图 3.17　网状配筋砖砌体

网状配筋砖砌体构件在轴向压力作用下，不但发生纵向压缩变形，同时也发生横向膨胀。由于钢筋、砂浆层与块体之间存在着摩擦力和黏结力，钢筋被完全嵌固在灰缝内与砖砌体共同工作；当砖砌体纵向受压时，钢筋横向受拉，因钢筋的弹性模量比砌体大，变形相对小，可阻止砌体的横向变形发展，防止砌体因纵向裂缝的延伸而过早失稳破坏，从而间接地提高网状配筋砖砌体构件的承载能力，故这种配筋有时又称为间接配筋。试验表明，砌体与横向钢筋之间足够的黏结力是保证两者共同工作，充分发挥块体的抗压强度，提高砌体承载力的重要保证。

2．适用范围

当采用无筋砖砌体受压构件的截面尺寸较大，不能满足使用要求时，可采用网状配筋砖砌体。但试验表明，网状配筋砌体偏心受压时，网状配筋砖砌体构件在轴向力的偏心距 e 较大或构件高厚比 β 较大时，钢筋难以发挥作用，构件承载力的提高受到限制。故当偏心距超过截面核心范围，对矩形截面即 $e/h > 0.17$ 时；或偏心距虽未超过截面核心范围，但构件的高厚比 $\beta > 16$ 时，均不宜采用网状配筋砖砌体构件。

3．受压承载力计算

网状配筋砖砌体受压构件的承载力，应按下列公式计算：

$$N \leqslant \varphi_n f_n A \tag{3.23}$$

$$\varphi_n = \frac{1}{1+12\left[\dfrac{e}{h}+\sqrt{\dfrac{1}{12}\left(\dfrac{1}{\varphi_{0n}}-1\right)}\right]^2} \tag{3.24}$$

$$\varphi_{0n} = \frac{1}{1+(0.0015+0.45\rho)\beta^2} \tag{3.25}$$

$$f_n = f + 2\left(1-\frac{2e}{y}\right)\rho f_y \tag{3.26}$$

$$\frac{V_s}{V} = \frac{(a+b)A_s}{abs_n} \tag{3.27}$$

式中：N——轴向力设计值；

φ_n——高厚比和配筋率以及轴向力的偏心矩对网状配筋砖砌体受压构件承载力的影响系数，按表 3.7 采用；

f_n——网状配筋砖砌体的抗压强度设计值；

A——截面面积；

e——轴向力的偏心距；

φ_{0n}——网状配筋砖砌体受压构件的稳定系数；

ρ——体积配筋率，采用截面面积为 A_s 的钢筋组成的方格网，网格尺寸为 a、b，钢筋网的竖向间距为 s_n；要求 $0.1\% \leqslant \rho \leqslant 1.0\%$；

β——构件的高厚比；

f_y——钢筋的抗拉强度设计值，当 f_y 大于 320MPa 时，仍采用 320MPa；

V_s、V——钢筋和砌体的体积。

对矩形截面构件，当轴向力偏心方向的截面边长大于另一方向的边长时，除按偏心受压计算外，还应对较小边长方向按轴心受压进行验算。当网状配筋砖砌体构件下端与无筋砌体交接时，尚应验算无筋砌体的局部受压承载力。

表 3.7　影响系数 φ_n

ρ (%)	β \ e/h	0	0.05	0.10	0.15	0.17
0.1	4	0.97	0.89	0.78	0.67	0.63
	6	0.93	0.84	0.73	0.62	0.58
	8	0.89	0.78	0.67	0.57	0.53
	10	0.84	0.72	0.62	0.52	0.48
	12	0.78	0.67	0.56	0.48	0.44
	14	0.72	0.61	0.52	0.44	0.41
	16	0.67	0.56	0.47	0.40	0.37
0.3	4	0.96	0.87	0.76	0.65	0.61
	6	0.91	0.80	0.69	0.59	0.55
	8	0.84	0.74	0.62	0.53	0.49
	10	0.78	0.67	0.56	0.47	0.44
	12	0.71	0.60	0.51	0.43	0.40
	14	0.64	0.54	0.46	0.38	0.36
	16	0.58	0.49	0.41	0.35	0.32
0.5	4	0.94	0.85	0.74	0.63	0.59
	6	0.88	0.77	0.66	0.56	0.52
	8	0.81	0.69	0.59	0.50	0.46
	10	0.73	0.62	0.52	0.44	0.41
	12	0.65	0.55	0.46	0.39	0.36
	14	0.58	0.49	0.41	0.35	0.32
	16	0.51	0.43	0.36	0.31	0.29

续表

ρ (%)	β \ e/h	0	0.05	0.10	0.15	0.17
0.7	4	0.93	0.83	0.72	0.61	0.57
	6	0.86	0.75	0.63	0.53	0.50
	8	0.77	0.66	0.56	0.47	0.43
	10	0.68	0.58	0.49	0.41	0.38
	12	0.60	0.50	0.42	0.36	0.33
	14	0.52	0.44	0.37	0.31	0.30
	16	0.46	0.38	0.33	0.28	0.26
0.9	4	0.92	0.82	0.71	0.60	0.56
	6	0.83	0.72	0.61	0.52	0.48
	8	0.73	0.63	0.53	0.45	0.42
	10	0.64	0.54	0.46	0.38	0.36
	12	0.55	0.47	0.39	0.33	0.31
	14	0.48	0.40	0.34	0.29	0.27
	16	0.41	0.35	0.30	0.25	0.24
1.0	4	0.91	0.81	0.70	0.59	0.55
	6	0.82	0.71	0.60	0.51	0.47
	8	0.72	0.61	0.52	0.43	0.41
	10	0.62	0.53	0.44	0.37	0.35
	12	0.54	0.45	0.38	0.32	0.30
	14	0.46	0.39	0.33	0.28	0.26
	16	0.39	0.34	0.28	0.24	0.23

4．构造要求

为了使网状配筋砖砌体受压构件安全而可靠地工作，在满足上述承载力的前提下，还应符合下列构造要求。

(1) 研究表明，配筋率太小，砌体强度提高有限；配筋率太大，钢筋的强度不能充分利用。因此，网状配筋砌体中钢筋的体积配筋率不应小于 0.1%，也不应大于 1%。

(2) 钢筋网的竖向间距 s_n，不应大于 5 皮砖，且不应大于 400mm；当采用连弯钢筋网时，网的钢筋方向应互相垂直，沿砌体高度交错设置，s_n 为同一方向网的间距。

(3) 由于钢筋网砌筑在灰缝砂浆内，考虑锈蚀的影响，设置较粗钢筋比较有利。但钢筋直径大，使灰缝增厚，对砌体受力不利。网状钢筋的直径宜采用 3～4mm，当采用连弯钢筋网时，钢筋的直径不应大于 8mm。

(4) 当钢筋网的网孔尺寸(钢筋间距)过小时，灰缝中的砂浆不易密实，如过大，则网状钢筋的横向约束作用小。钢筋网中钢筋的间距不应小于 30mm，也不应大于 120mm。

（5）所采用的砌体材料强度等级不宜过低。采用强度高的砂浆，砂浆的黏结力大，也有利于保护钢筋。网状配筋砖砌体的砂浆强度等级不应低于 MU7.5。

（6）砌筑时水平灰缝的厚度应控制为 8～12mm，为使钢筋网居中设置，灰缝厚度应保证钢筋上、下至少各有 2mm 的砂浆层，既能保护钢筋，又使砂浆与块体较好地粘结。

3.4.2　砖砌体和钢筋混凝土面层或钢筋砂浆面层的组合砖砌体构件

1．受压性能

在组合砖砌体中（如图 3.18 所示），砖可吸收混凝土中多余的水分，使混凝土的早期强度较高，而在构件中提前发挥受力作用。对砂浆面层也有类似的性能。

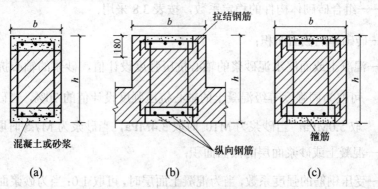

图 3.18　组合砖砌体构件截面

组合砖砌体构件在轴心压力作用下，首批裂缝发生在砌体与混凝土或砂浆面层的连接处。当压力增大后，砖砌体内产生竖向裂缝，但因受面层的约束发展较缓慢。当组合砖砌体内的砖和混凝土或砂浆面层被压碎或脱落，竖向钢筋在箍筋间压屈，组合砖砌体随即破坏。试验表明，在组合砖砌体中，砖砌体与钢筋混凝土或砂浆面层能够较好的共同受力，但水泥砂浆面层中的受压钢筋应力达不到屈服强度。

组合砖砌体构件在偏心压力作用下的受力性能与钢筋混凝土构件相近，具有较高的承载能力和延性。

2．适用范围

当无筋砌体受压构件的截面尺寸受限制，或设计不经济，以及轴向力的偏心距超过限值时，可以选用砖砌体和钢筋混凝土面层或钢筋砂浆面层的组合砖砌体构件。

此外，对于砖墙与组合砌体一同砌筑的 T 形截面构件(如图 3.18(b)所示)，可按图 3.18(c) 矩形截面组合砌体构件计算。但 β 仍按 T 形截面考虑，带壁柱墙的计算截面翼缘宽度 b_f 按如下规定采用：对多层房屋，当有门窗洞口时，可取窗间墙宽度；当无门窗洞口时，每侧翼缘墙宽度可取壁柱高度的 1/3。对单层房屋，可取壁柱宽加 2/3 墙高，但不大于窗间墙宽度和相邻壁柱间距离。

3. 受压承载力计算

1) 轴心受压构件

组合砖砌体轴心受压构件的承载力按下式计算：

$$N \leq \varphi_{com}\left(fA + f_c A_c + \eta_s f_y' A_s'\right) \tag{3.28}$$

式中：φ_{com}——组合砖砌体构件的稳定系数，按表 3.8 采用；

A——砖砌体的截面面积；

f_c——混凝土或面层水泥砂浆的轴心抗压强度设计值，砂浆的轴心抗压强度设计值可取为同强度等级混凝土的轴心抗压强度设计值的 70%，当砂浆为 M15 时，取 5.0MPa，当砂浆为 M10 时取 3.4MPa，当砂浆为 M7.5 时取 2.5MPa；

A_c——混凝土或砂浆面层的截面面积；

η_s——受压钢筋的强度系数，当为混凝土面层时，可取 1.0；当为砂浆面层时可取 0.9；

f_y'——钢筋的抗压强度设计值；

A_s'——受压钢筋的截面面积。

表 3.8 组合砖砌体构件稳定系数 φ_{com}

高厚比 β	配筋率 ρ (%)					
	0	0.2	0.4	0.6	0.8	≥1.0
8	0.91	0.93	0.95	0.97	0.99	1.00
10	0.87	0.90	0.92	0.94	0.96	0.98
12	0.82	0.85	0.88	0.91	0.93	0.95
14	0.77	0.80	0.83	0.86	0.89	0.92
16	0.72	0.75	0.78	0.81	0.84	0.87
18	0.67	0.70	0.73	0.76	0.79	0.81
20	0.62	0.65	0.68	0.71	0.73	0.75
22	0.58	0.61	0.64	0.66	0.68	0.70
24	0.54	0.57	0.59	0.61	0.63	0.65
26	0.50	0.52	0.54	0.56	0.58	0.60
28	0.46	0.48	0.50	0.52	0.54	0.56

注：组合砖砌体构件截面的配筋率 $\rho = A_s'/bh$。

2) 偏心受压构件

组合砖砌体偏心受压构件的承载力按下列公式计算：

$$N \leqslant fA' + f_c A'_c + \eta_s f'_y A'_s - \sigma_s A_s \tag{3.29}$$

或

$$Ne_N \leqslant fS_s + f_c S_{c,s} + \eta_s f'_y A'_s (h_0 - a'_s) \tag{3.30}$$

此时受压区的高度 x 可按下列公式计算确定：

$$fS_N + f_c S_{c,N} + \eta_s f'_y A'_s e'_N - \sigma_s A_s e_N = 0 \tag{3.31}$$

$$e_N = e + e_a + (h/2 - a_s) \tag{3.32}$$

$$e'_N = e + e_a - (h/2 - a'_s) \tag{3.33}$$

$$e_a = \frac{\beta^2 h}{2200}(1 - 0.022\beta) \tag{3.34}$$

式中：σ_s——钢筋 A_s 的应力；

$\quad A_s$——距轴向力 N 较远侧钢筋的截面面积；

$\quad A'$——砖砌体受压部分的面积；

$\quad A'_c$——混凝土或砂浆面层受压部分的面积；

$\quad S_s$——砖砌体受压部分的面积对钢筋 A_s 重心的面积距；

$\quad S_{c,s}$——混凝土或砂浆面层受压部分的面积对钢筋 A_s 重心的面积距；

$\quad S_N$——砖砌体受压部分的面积对轴向力 N 作用点的面积距；

$\quad S_{c,N}$——混凝土或砂浆面层受压部分的面积对轴向力 N 作用点的面积距；

$\quad e_N$，e'_N——分别为钢筋 A_s 和 A'_s 重心至轴向力 N 作用点的距离(如图 3.19 所示)；

$\quad e$——轴向力的初始偏心距，按荷载设计值计算，当 e 小于 $0.05h$ 时，应取 e 等于 $0.05h$；

$\quad e_a$——组合砖砌体构件在轴向力作用下的附加偏心距；

$\quad h_0$——组合砖砌体构件截面的有效高度，取 $h_0 = h - a_s$；

$\quad a_s$、a'_s——分别为钢筋 A_s 和 A'_s 重心至截面较近边的距离。

组合砖砌体钢筋 A_s 的应力 σ_s 以正值为拉应力，负值为压应力，按下列规定计算：小偏心受压时，即 $\xi > \xi_b$ 时

$$\sigma_s = 650 - 800\xi \tag{3.35}$$

$$-f'_y \leqslant \sigma_s \leqslant f_y \tag{3.36}$$

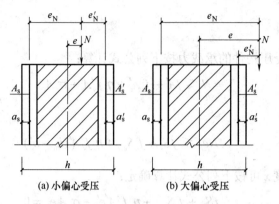

(a) 小偏心受压　　　　　　　(b) 大偏心受压

图 3.19　组合砖砌体偏心受压构件

大偏心受压时，即 $\xi \leqslant \xi_b$ 时

$$\sigma_s = f_y \tag{3.37}$$

$$\xi = \frac{x}{h_0} \tag{3.38}$$

式中：ξ——组合砖砌体构件截面的相对受压区高度；

　　　f_y——钢筋的抗拉强度设计值。

组合砖砌体构件受压区相对高度的界限值 ξ_b，采用 HRB400 级钢筋时取 0.36；采用 HRB335 级钢筋时取 0.44。

组合砖砌体构件纵向力偏心方向的截面边长大于另一方向的边长时，也应对较小边长按轴心受压构件进行验算。

4. 构造要求

组合砖砌体由砌体和面层混凝土或面层砂浆组成，为了保证它们之间有良好的整体性和共同工作能力，应符合下列构造要求。

(1) 面层的混凝土强度等级宜采用 C20。面层的水泥砂浆强度等级不宜低于 M10。砌筑砂浆的强度等级不宜低于 M7.5。

(2) 竖向受力钢筋的混凝土保护层最小厚度应符合表 3.9 的规定。竖向受力钢筋距砖砌体表面的距离不应小于 5mm。

(3) 浆面层厚度可采用 30～45mm；当面层厚度大于 45mm 时，其面层宜采用混凝土。

(4) 竖向受力钢筋宜采用 HPB300 级钢筋，对于混凝土面层，亦可采用 HRB335 级钢筋。受压钢筋一侧的配筋率，对砂浆面层，不宜小于 0.1%，对混凝土面层，不宜小于 0.2%。

受拉钢筋的配筋率，不应小于 0.1%。竖向受力钢筋的直径，不应小于 8mm，钢筋的净间距，不应小于 30mm。

表 3.9　混凝土保护层最小厚度(mm)

	室内正常环境	露天或室内潮湿环境
墙	15	25
柱	25	35

注：当面层为水泥砂浆时，对于柱，保护层厚度可减小 5mm。

(5) 箍筋的直径，不宜小于 4mm 及 0.2 倍的受压钢筋直径，并不宜大于 6mm。箍筋的间距，不应大于 20 倍受压钢筋的直径及 500mm，并不应小于 120mm。

(6) 当组合砖砌体构件一侧的竖向受力钢筋多于 4 根时，应设置附加箍筋或拉结钢筋。

(7) 对于截面长短边相差较大的构件如墙体等，应采用穿通墙体的拉结钢筋作为箍筋，同时设置水平分布钢筋。水平分布钢筋的竖向间距及拉结钢筋的水平间距，均不应大于 500mm，如图 3.20 所示。

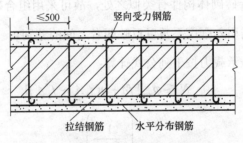

图 3.20　混凝土或砂浆面层组合墙

(8) 组合砖砌体构件的顶部及底部，以及牛腿部位，必须设置钢筋混凝土垫块。竖向受力钢筋伸入垫块的长度，必须满足锚固要求。

3.4.3　砖砌体和钢筋混凝土构造柱组合墙

1. 受压性能

砖砌体和钢筋混凝土构造柱组成的组合砖墙(如图 3.21 所示)，在竖向荷载作用下，由于砖砌体和钢筋混凝土的弹性模量不同，砖砌体和钢筋混凝土构造柱之间将发生内力重分布，砖砌体承担的荷载减少，而构造柱承担荷载增加。此外，砌体中的圈梁与构造柱组成"弱框架"对砌体有一定的约束作用，不但可提高墙体的承载能力，而且可增加墙体的受压稳定性。同时，试验与分析表明，构造柱的间距是影响组合砖墙承载力最主要的因素。当构造柱的间距在 2m 左右时，柱的作用可得到较好的发挥；当为 4m 时，对墙受压承载力影响很小。

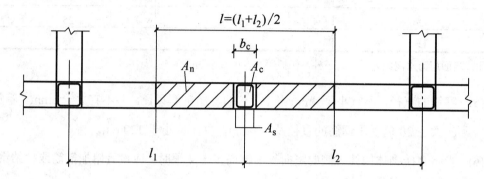

图 3.21   砖砌体和构造柱组合墙截面

2. 受压承载力计算

由于组合砖墙与组合砖砌体构件有类似之处，故可采用组合砖砌体轴心受压构件承载力的计算公式计算，但需引入强度系数以反映两者之间的差别。

组合砖墙的轴心受压承载力按下列公式计算：

$$N \leqslant \varphi_{com}[fA + \eta(f_c A_c + f'_y A'_s)] \tag{3.39}$$

$$\eta = \left(\dfrac{1}{\dfrac{l}{b_c} - 3} \right)^{\frac{1}{4}} \tag{3.40}$$

式中：φ_{com} ——组合砖墙的稳定系数，按表 3.8 采用；

η ——强度系数，当 l/b_c 小于 4 时取 l/b_c 等于 4；

l ——沿墙长方向构造柱的间距；

b_c ——沿墙长方向构造柱的宽度；

A ——扣除孔洞和构造柱的砖砌体截面面积；

A_c ——构造柱的截面面积。

组合砖墙的平面外偏心受压承载力计算。

构件的弯矩和偏心距的确定，根据计算方案确定计算简图，从而确定；构造柱纵向钢筋可按规范关于组合砖砌体偏心受压构件承载力计算规定的方法确定，但截面宽度应改为构造柱间距 l；大偏心受压时，可不计受压区构造柱混凝土和钢筋的作用，构造柱的计算配筋不应小于构造要求。

3．构造要求

砖砌体和钢筋混凝土构造柱组合墙是按间距 l 设置构造柱，在房屋楼层处设置混凝土圈梁，且构造柱与圈梁和砖砌体可靠连接而形成的一种组合砌体结构构件。为保证其整体受力性能和可靠地工作，对组合墙的材料和构造提出了下列要求。

(1) 砂浆的强度等级不应低于 M5，构造柱的混凝土强度等级不宜低于 C20。

(2) 柱内竖向受力钢筋的混凝土保护层厚度，应符合混凝土最小保护层厚度的规定。

(3) 构造柱的截面尺寸不宜小于 240mm×240mm，其厚度不应小于墙厚，边柱、角柱的截面宽度宜适当加大。柱内竖向受力钢筋，对于中柱，不宜少于 $4\phi12$；对于边柱、角柱，不宜少于 $4\phi14$。构造柱的竖向受力钢筋的直径也不宜大于 16mm。其箍筋，一般部位宜采用 $\phi6$、间距 200mm，楼层上下 500mm 范围内宜采用 $\phi6$、间距 100mm。构造柱的竖向受力钢筋应在基础梁和楼层圈梁中锚固，并应符合受拉钢筋的锚固要求。

(4) 组合砖墙砌体结构房屋，应在纵横墙交接处、墙端部和较大洞口的洞边设置构造柱，其间距不宜大于 4m。各层洞口宜设置在相应位置，并宜上下对齐。

(5) 组合砖墙砌体结构房屋应在基础顶面、有组合墙的楼层处设置现浇钢筋混凝土圈梁。圈梁的截面高度不宜小于 240mm；纵向钢筋不宜小于 $4\phi12$，纵向钢筋应伸入构造柱内，并应符合受拉钢筋的锚固要求；圈梁的箍筋宜采用 $\phi6$、间距 200mm。

(6) 砖砌体与构造柱的连接处应砌成马牙槎，并应沿墙高每隔 500mm 设 $2\phi6$ 拉结钢筋，且每边伸入墙内不宜小于 600mm。

(7) 组合砖墙的施工程序应为先砌墙后浇混凝土构造柱。

(8) 构造柱可不单独设置基础，但应伸入室外地坪下 500mm，或与埋深小于 500mm 的基础梁相连。

3.4.4　配筋砌块砌体构件

在混凝土空心砌块砌体的竖向孔洞中配置竖向钢筋，并用混凝土灌孔注芯，同时在砌体的水平灰缝内设置水平钢筋，即形成配筋砌块砌体构件，如配筋砌块砌体剪力墙或柱(如图 3.22 所示)。配筋砌块砌体剪力墙，宜采用全部灌芯砌体。由于配筋砌块砌体构件具有较高的承载力和较好的延性以及明显的技术经济优势，因此，在多高层建筑中得到了较好的应用。

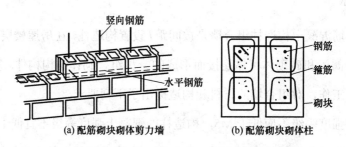

(a) 配筋砌块砌体剪力墙　　(b) 配筋砌块砌体柱

图 3.22　配筋砌块砌体剪力墙和柱

对配筋砌块砌体剪力墙结构可按弹性方法计算内力与位移，然后根据结构分析所得的内力，分别按轴心受压、偏心受压或偏心受拉构件进行正截面承载力和斜截面承载力计算，并应根据结构分析所得的位移进行变形验算。

1. 正截面受力性能与承载力计算

1) 正截面受力性能

试验发现，配筋砌块砌体剪力墙试件在水平荷载作用下，首先在试件底部出现水平裂缝，然后随着荷载的增加，水平裂缝不断延伸和扩展，并进一步产生新的水平裂缝。当试件即将被破坏时，试件底部的水平裂缝贯通。当达到极限荷载时，配置在受拉区 $h_0 - 0.5x$ 范围内的竖向钢筋受拉屈服，受压区砌体和注芯混凝土达到极限压应变。配筋砌块砌体剪力墙的破坏形态接近于钢筋混凝土剪力墙。

2) 正截面承载力计算

(1) 轴心受压构件。

由于配筋砌块砌体剪力墙、柱在轴心压力作用下的受力性能与钢筋混凝土轴心受压构件基本相近，因此，根据试验研究和工程实践，《规范》给出轴心受压配筋砌块砌体剪力墙、柱的正截面承载力按下列公式计算：

$$N \leqslant \varphi_{og}(f_g A + 0.8 f_y' A_s') \tag{3.41}$$

$$\varphi_{og} = \frac{1}{1 + 0.001\beta^2} \tag{3.42}$$

式中：N——轴向力设计值；

  φ_{og}——轴心受压构件的稳定系数；

  β——构件的高厚比，计算 β 时，计算高度 H_0 可取层高；

  f_g——灌孔砌体的抗压强度设计值；

  A——构件的毛截面面积；

  f_y'——钢筋的抗压强度设计值；

  A_s'——全部竖向钢筋的截面面积。

当配筋砌块砌体剪力墙的竖向钢筋仅配置在中间时，其平面外偏心受压承载力可按式 (3.1)进行计算，但应采用灌孔砌体的抗压强度设计值。

(2) 偏心受压构件。

矩形截面偏心受压配筋砌块砌体剪力墙，当截面受压区高度 $x \leqslant \xi_b h_0$ 时，为大偏心受压 (图 3.23(a))；当 $x > \xi_b h_0$ 时，为小偏心受压(图 3.23(b))；对界限相对受压区高度 ξ_b，当采用 HRB335 级钢筋时取 0.55；对 HPB300 级钢筋取 ξ_b 等于 0.57，对 HRB400 级钢筋取 ξ_b 等于 0.52。

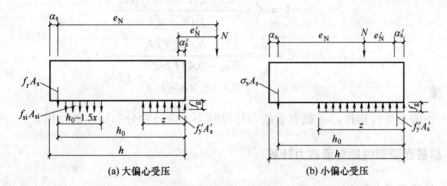

(a) 大偏心受压   (b) 小偏心受压

图 3.23 矩形截面偏心受压构件正截面承载力计算简图

大偏心受压时的计算公式：

$$N \leqslant f_g b x + f_y' A_s' - f_y A_s - \sum f_{si} A_{si} \tag{3.43}$$

$$Ne_N \leqslant f_g b x (h_0 - x/2) + f_y' A_s' (h_0 - a_s') - \sum f_{si} S_{si} \tag{3.44}$$

式中：N——轴向力设计值；

  f_g——灌孔砌体的抗压强度设计值；

  f_y、f_y'——竖向受拉、受压主筋的强度设计值；

  b——截面宽度；

f_{si}——竖向分布钢筋的抗拉强度设计值;

A_s、A_s'——竖向受拉、受压主筋的截面面积;

A_{si}——单根竖向分布钢筋的截面面积;

S_{si}——第 i 根竖向分布钢筋对竖向受拉主筋的面积矩;

e_N——轴向力作用点到竖向受拉主筋合力点之间的距离,按公式(3.32)计算。

当截面受压区高度 $X < 2Aa_s'$ 时,其正截面承载力可按下式计算:

$$Ne_N' \leqslant f_y'A_s'(h_0 - a_s') \tag{3.45}$$

小偏心受压时的计算公式:

$$N \leqslant f_g bx + f_y'A_s' - \sigma_s A_s \tag{3.46}$$

$$Ne_N \leqslant f_g bx(h_0 - x/2) + f_y'A_s'(h_0 - a_s') \tag{3.47}$$

$$\sigma_s = \frac{f_y}{\xi_b - 0.8}\left(\frac{x}{h_0} - 0.8\right) \tag{3.48}$$

矩形截面对称配筋砌块砌体剪力墙小偏心受压时,也可近似按下式计算钢筋截面积:

$$A_s = A_s' = \frac{Ne_N - \xi(1 - 0.5\xi)f_g bh_0^2}{f_y'(h_0 - a_s')} \tag{3.49}$$

$$\xi = \frac{x}{h_0} = \frac{N - \xi_b f_g bh_0}{\dfrac{Ne_N - 0.43 f_g bh_0^2}{(0.8 - \xi_b)(h_0 - a_s')} + f_g bh_0} + \xi_b \tag{3.50}$$

对于小偏心受压构件,正截面承载力计算时不考虑竖向分布钢筋的作用。

2. 斜截面受剪性能与承载力计算

1) 斜截面受剪性能

对配筋砌块砌体剪力墙试件在恒定的竖向荷载下施加水平荷载,试件在开始阶段处于弹性状态;当水平荷载达到 $0.71 \sim 0.82 P_u$ 时,试件在底部先出现水平裂缝,继续加荷,斜裂缝开始出现,同时水平裂缝沿阶梯形向上发展;当荷载再增大,斜裂缝贯通为主裂缝,表明试件即将被破坏。由于竖向钢筋和水平钢筋的存在,试件破坏虽然呈明显的脆性性质,但裂而不倒。配筋砌块砌体剪力墙的抗剪承载力除与材料强度有关外,主要与垂直压应力、墙体的高宽比或剪跨比、水平钢筋和竖向钢筋的配筋率有关,其抗剪性能更接近于钢筋混凝土剪力墙。

2) 斜截面承载力计算

(1) 剪力墙的截面条件。

剪力墙的截面应满足下式要求：

$$V \leqslant 0.25 f_g bh \tag{3.51}$$

式中：V——剪力墙的剪力设计值；

　　　b——剪力墙的截面宽度或 T 形、倒 L 形截面腹板宽度；

　　　h——剪力墙的截面高度。

(2) 剪力墙在偏心受压时的斜截面受剪承载力计算。

剪力墙在偏心受压时的斜截面受剪承载力应按下列公式计算：

$$V \leqslant \frac{1}{\lambda - 0.5}\left(0.6 f_{vg} bh_0 + 0.12 N \frac{A_w}{A}\right) + 0.9 f_{yh} \frac{A_{sh}}{s} h_0 \tag{3.52}$$

$$\lambda = \frac{M}{V h_0} \tag{3.53}$$

式中：f_{vg}——灌孔砌体抗剪强度设计值；

　　　M、N、V——计算截面的弯矩、轴向力和剪力设计值，当 $N > 0.25 f_g bh$ 时取

$$N = 0.25 f_g bh；$$

　　　A——剪力墙的截面面积；

　　　A_w——T 形、倒 L 形截面腹板的截面面积，对矩形截面面积取 A_w 等于 A；

　　　λ——计算截面的剪跨比，当 $\lambda < 1.5$ 时取 1.5，当 $\lambda \geqslant 2.2$ 时取 2.2；

　　　h_0——剪力墙的截面有效高度；

　　　A_{sh}——配置在同一截面内的水平分布钢筋的全部截面面积；

　　　s——水平分布钢筋的竖向间距；

　　　f_{yh}——水平分布钢筋的抗拉强度设计值。

(3) 剪力墙在偏心受拉时的斜截面受剪承载力计算。

剪力墙在偏心受拉时的斜截面受剪承载力应按下式计算：

$$V \leqslant \frac{1}{\lambda - 0.5}\left(0.6 f_{vg} bh_0 - 0.22 N \frac{A_w}{A}\right) + 0.9 f_{yh} \frac{A_{sh}}{s} h_0 \tag{3.54}$$

3. 构造要求

配筋混凝土砌块砌体剪力墙结构体系于近年列入我国《砌体结构设计规范》和《建筑

抗震设计规范》，这种墙体又有许多特殊的地方，如施工方法(如图 3.24 所示)与现浇钢筋混凝剪力墙的不同，许多构造上与钢筋混凝结构的规定不同。这些是需要特别注意的。

图 3.24　施工中的墙体

(1) 钢筋的规格应符合下列规定。

① 钢筋的直径不宜大于 25mm，当设置在灰缝中时不应小于 4mm。

② 配置在孔洞或空腔中的钢筋面积不应大于孔洞或空腔面积的 6%。

(2) 钢筋的设置应符合下列规定。

① 设置在灰缝中钢筋的直径不宜大于灰缝厚度的 1/2。

② 两平行钢筋间的净距不应小于 50mm。

③ 柱和壁柱中的竖向钢筋的净距不宜小于 40mm(包括接头处钢筋间的净距)。

(3) 钢筋在灌孔混凝土中的锚固应符合下列规定。

配筋混凝土砌块砌体剪力墙中，竖向钢筋在芯柱混凝土内锚固(图 3.25(a))；设置在水平灰缝中的水平钢筋，可水平弯折 90° 在水平灰缝中锚固(图 3.25(b))；或将水平钢筋垂直弯折 90°在芯柱内锚固(图 3.25(c))；设置在凹槽砌块混凝土带中的水平钢筋(大多采用这种方式)，可水平弯折 90°锚固(图 3.25(d))，或垂直弯折 90°在芯柱内锚固(图 3.25(e))。

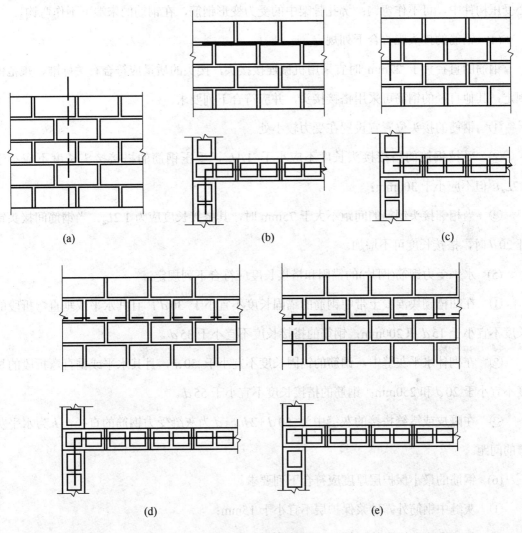

(a)　　　　　　　　　(b)　　　　　　　　　(c)

(d)　　　　　　　　　(e)

图 3.25　钢筋的锚固

① 当计算中充分利用竖向受拉钢筋强度时，其锚固长度 L_a，对 HRB335 级钢筋不宜小于 $30d$；对 HRB400 和 RRB400 级钢筋不宜小于 $35d$；在任何情况下钢筋(包括钢丝)锚固长度不应小于 300mm。

② 竖向受拉钢筋不宜在受拉区截断。如必须截断时，应延伸至按正截面受弯承载力计算不需要该钢筋的截面以外，延伸的长度不应小于 $20d$。

③ 竖向受压钢筋在跨中截断时，必须伸至按计算不需要该钢筋的截面以外，延伸的

长度不应小于 $20d$；对绑扎骨架中末端无弯钩的钢筋，不应小于 $25d$。

④ 钢筋骨架中的受力光面钢筋，应在钢筋末端作弯钩，在焊接骨架、焊接网以及轴心受压构件中，可不作弯钩；绑扎骨架中的受力变形钢筋，在钢筋的末端可不作弯钩。

(4) 钢筋的接头应符合下列规定。

钢筋的直径大于 22mm 时宜采用机械连接接头，接头的质量应符合有关标准、规范的规定；其他直径的钢筋可采用搭接接头，并应符合下列要求。

① 钢筋的接头位置宜设置在受力较小处。

② 受拉钢筋的搭接接头长度不应小于 $1.1L_a$，受压钢筋的搭接接头长度不应小于 $0.7L_a$，但不应小于 300mm；

③ 当相邻接头钢筋的间距不大于 75mm 时，其搭接长度应为 $1.2L_a$。当钢筋间接头错开 $20d$ 时，搭接长度可不增加。

(5) 水平受力钢筋(网片)的锚固和搭接长度应符合下列规定：

① 在凹槽砌块混凝土带中钢筋的锚固长度不宜小于 $30d$，且其水平或垂直弯折段的长度不宜小于 $15d$ 和 200mm；钢筋的搭接长度不宜小于 $35d$。

② 在砌体水平灰缝中，钢筋的锚固长度不宜小于 $50d$，且其水平或垂直弯折段的长度不宜小于 $20d$ 和 250mm；钢筋的搭接长度不宜小于 $55d$。

③ 在隔皮或错缝搭接的灰缝中为 $50d+2h$，d 为灰缝受力钢筋的直径；h 为水平灰缝的间距。

(6) 钢筋的最小保护层厚度应符合下列要求。

① 灰缝中钢筋外露砂浆保护层不宜小于 15mm；

② 位于砌块孔槽中的钢筋保护层，在室内正常环境不宜小于 20mm；在室外或潮湿环境不宜小于 30mm。

对安全等级为一级或设计使用年限大于 50 年的配筋砌体结构构件，钢筋的保护层应比本条规定的厚度至少增加 5mm，或采用经防腐处理的钢筋、抗渗混凝土砌块等措施。

(7) 配筋砌块砌体剪力墙、连梁的砌体材料强度等级应符合下列规定。

砌块不应低于 MU10；砌筑砂浆不应低于 Mb7.5；灌孔混凝土不应低于 Cb20。

对安全等级为一级或设计使用年限大于 50 年的配筋砌块砌体房屋，所用材料的最低强度等级应至少提高一级。

(8) 配筋砌块砌体剪力墙厚度、连梁截面宽度不应小于 190mm。

(9) 配筋砌块砌体剪力墙的构造配筋应符合下列规定。

① 应在墙的转角、端部和孔洞的两侧配置竖向连续的钢筋,钢筋直径不宜小于 12mm。

② 应在洞口的底部和顶部设置不小于 $2\phi10$ 的水平钢筋,其伸入墙内的长度不宜小于 $40d$ 和 600mm。

③ 应在楼(屋)盖的所有纵横墙处设置现浇钢筋混凝土圈梁,圈梁的宽度和高度宜等于墙厚和块高,圈梁主筋不应少于 $4\phi10$,圈梁的混凝土强度等级不应低于同层混凝土块体强度等级的 2 倍,或该层灌孔混凝土的强度等级,也不应低于 C20。

④ 剪力墙其他部位的竖向和水平钢筋的间距不应大于墙长、墙高的 $\dfrac{1}{3}$,也不应大于 900mm。对局部灌孔的砌体,竖向钢筋的间距不应大于 600mm。

⑤ 剪力墙沿竖向和水平方向的构造钢筋配筋率均不应小于 0.07%。

(10) 按壁式框架设计的配筋砌块窗间墙除应符合第(7)条~(9)条规定外,尚应符合下列规定。

① 窗间墙的截面应符合下列要求。

墙宽不应小于 800mm;墙净高与墙宽之比不宜大于 5。

② 窗间墙中的竖向钢筋应符合下列要求。

每片窗间墙中沿全高不应少于 4 根钢筋;沿墙的全截面应配置足够的抗弯钢筋;窗间墙的竖向钢筋的含钢率不宜小于 0.2%,也不宜大于 0.8%。

③ 窗间墙中的水平分布钢筋应符合下列要求。

水平分布钢筋应在墙端部纵筋处向下弯折射 90°,或等效的措施;水平分布钢筋的间距:在距梁边 1 倍墙宽范围内不应大于 1/4 墙宽,其余部位不应大于 1/2 墙宽;水平分布钢筋的配筋率不宜小于 0.15%。

(11) 配筋砌块砌体剪力墙应按下列情况设置边缘构件。

① 当利用剪力墙端部的砌体受力时,应符合下列规定。

在距墙端至少 3 倍墙厚范围内的孔中设置不小于 $\phi12$ 通长竖向钢筋;当剪力墙端部的设计压应力大于 $0.8f_g$ 时,除按(1)的规定设置竖向钢筋外,尚应设置间距不大于 200mm、直

径不小于 6mm 的水平钢筋(钢箍)，该水平钢筋宜设置在灌孔混凝土中。

② 当在剪力墙墙端设置混凝土柱时，应符合下列规定。

柱的截面宽度宜不小于墙厚，柱的截面长度宜为 1~2 倍的墙厚，并不应小于 200mm；柱的混凝土强度等级不宜低于该墙体块体强度等级的 2 倍，或该墙体灌孔混凝土的强度等级，也不应低于 Cb20；柱的竖向钢筋不宜小于 $4\phi12$，箍筋宜为 $\phi6$、间距不大于 200mm；墙体中水平钢筋应在柱中锚固，并应满足钢筋的锚固要求；柱的施工顺序宜为先砌砌块墙体，后浇捣混凝土。

(12) 配筋砌块砌体剪力墙中当连梁采用钢筋混凝土时，连梁混凝土的强度等级不宜低于同层墙体块体强度等级的 2 倍，或同层墙体灌孔混凝土的强度等级，也不应低于 C20；其他构造尚应符合现行国家标准《混凝土结构设计规范》(GB 50010—2010)的有关规定要求。

(13) 配筋砌块砌体剪力墙中当连梁采用配筋砌块砌体时，连梁应符合下列规定。

① 连梁的截面应符合下列要求。

连梁的高度不应小于两皮砌块的高度和 400mm；连梁应采用 H 型砌块或凹槽砌块组砌，孔洞应全部浇灌混凝土。

② 连梁的水平钢筋宜符合下列要求。

连梁上、下水平受力钢筋宜对称、通长设置，在灌孔砌体内的锚固长度不应小于 $40d$ 和 600mm；连梁水平受力钢筋的含钢率不宜小于 0.2%，也不宜大于 0.8%。

③ 连梁的箍筋应符合下列要求。

箍筋的直径不应小于 6mm；箍筋的间距不宜大于 1/2 梁高和 600mm；在距支座等于梁高范围内的箍筋间距不应大于 1/4 梁高，距支座表面第一根箍筋的间距不应大于 100mm；箍筋的面积配筋率不宜小于 0.15%；箍筋宜为封闭式，双肢箍末端弯钩为 135°；单肢箍末端的弯钩为 180°，或弯 90° 加 12 倍箍筋直径的延长段。

(14) 配筋砌块砌体柱(图 3.26)除应符合第 7 条的要求外，尚应符合下列规定。

① 柱截面边长不宜小于 400mm，柱高度与截面短边之比不宜大于 30。

② 柱的纵向钢筋的直径不宜小于 12mm，数量不应少于 4 根，全部纵向受力钢筋的配筋率不宜小于 0.2%。

③ 柱中箍筋的设置应根据下列情况确定。

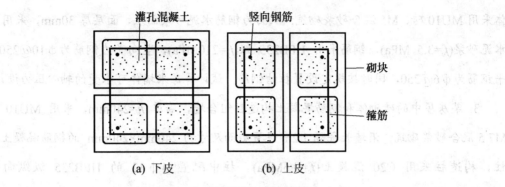

(a) 下皮　　　　　　　(b) 上皮

图 3.26　配筋砌块砌体柱截面

当纵向钢筋的配筋率大于 0.25%时，且柱承受的轴向力大于受压承载力设计值的 25% 时，柱应设箍筋；当配筋率≤0.25%时，或柱承受的轴向力小于受压承载力设计值的 25%时，柱中可不设置箍筋；箍筋直径不宜小于 6mm；箍筋的间距不应大于 16 倍的纵向钢筋直径、48 倍箍筋直径及柱截面短边尺寸中较小者；箍筋应封闭，端部应弯钩；箍筋应设置在灰缝或灌孔混凝土中。

课程实训

思考题

1. 配筋砖砌体有几种？各适用于什么情况？

2. 为什么网状配筋砖砌体构件具有较高的承载能力？

3. 在轴向力作用下，网状配筋砖砌体与无筋砖砌体的破坏特征有何不同？

4. 为什么当轴向力的偏心距较大或构件的高厚比较大时，不宜采用网状配筋砖砌体？

5. 组合砖砌体在轴心压力作用下的破坏特征是什么？

习题

1. 某房屋中网状配筋砖柱，截面尺寸 $b \times h$=370mm×740mm，柱的计算高度 H_0=5.2m，承受轴向力设计值 N=205kN，沿长边方向的弯矩设计值 M=21kN·m，采用 MU10 烧结普通砖和 M5 混合砂浆砌筑，网状配筋采用 ϕ4 冷拔低碳钢丝焊接方格网(A_s=12.6 mm²，f_y=430MPa)，钢丝间距 a=60mm，钢丝网竖向间距 ns=180 mm，试验算柱的承载力。

2. 某房屋中的承重墙体采用组合砖砌体，墙厚为 370 mm，墙体计算高度 H_0=4.2m，墙体采用 MU10 砖、M5 混合砂浆砌筑；双面为钢筋水泥砂浆面层，面层厚 30mm，采用 M10 水泥砂浆(f_c=3.5 MPa)，钢筋采用 HPB235 级(f_y=210MPa)，竖向受力钢筋为 φ10@250，水平钢筋为 φ6@250，同时按规定设置拉结钢筋。试计算每米墙体可承受的轴心压力设计值。

3. 某房屋中的砖砌体和钢筋混凝土构造柱组合墙，墙厚 h=240mm，采用 MU10 砖、M7.5 混合砂浆砌筑；沿墙长每隔 1.2m 设置截面尺寸为 240mm×240mm 的钢筋混凝土构造柱，构造柱采用 C20 混凝土(f_c=9.6MPa)，柱中配置 4φ12 的 HPB235 级纵向钢筋(f_y=210MPa)；墙体计算高度 H_0=3.6m。试计算每米墙体可承受的轴心压力设计值。

第 4 章　砌体结构中的过梁、挑梁和雨篷

【教学目标】

● 掌握砌体结构中过梁的设计。

● 掌握砌体结构中挑梁的设计。

● 掌握砌体结构中雨篷的设计。

【技能要求】

● 能设计砌体结构中洞口处的过梁。

● 能设计砌体结构中的挑梁。

● 能设计砌体结构中的雨篷。

【引导案例】

　　某三层教学楼,层高 3.6m,采用砌体结构,外墙 370 厚,内墙 240 厚。墙体满足稳定性及承载力要求。根据构造每层设置圈梁,所有横纵墙交接处设有构造柱,超过 4.2m 的墙体中部设有构造柱。设置在教学楼南立面正中设有正门入口,正门尺寸为 4500mm×3200mm,正门处雨篷 4800mm×1800mm;在教学楼北立面设有后入口,入口处门的尺寸为2400mm×2800mm,门洞上方设有过梁。该过梁上承受哪些荷载?在这些荷载作用下产生哪些内力?过梁的截面形式、尺寸、配筋应如何确定?雨篷上作用有哪些荷载?在这些荷载作用下雨篷梁、雨篷板会产生什么样的内力?雨篷板、雨篷梁的尺寸、配筋如何确定?

　　本章将介绍承重墙体洞口处的过梁、挑梁及雨篷的设计,确定它们的荷载及内力,分析这些构件的受力特点,确定其截面及配筋。

4.1　过梁的设计

　　为了承受门窗洞口上部墙体的重量和楼盖传来的荷载,在门窗洞口上沿设置的梁称为过梁。

4.1.1　过梁的类型

　　过梁的类型主要有钢筋混凝土过梁、钢筋砖过梁、砖砌平拱过梁和砖砌弧拱过梁等几种不同的形式,如图 4.1 所示。

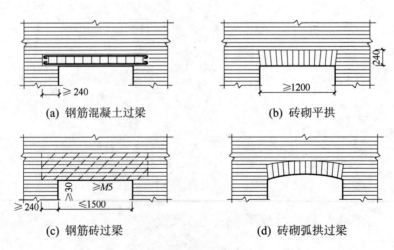

(a) 钢筋混凝土过梁　　　　　(b) 砖砌平拱

(c) 钢筋砖过梁　　　　　(d) 砖砌弧拱过梁

图 4.1　过梁的形式

由于砖砌过梁延性较差，跨度不宜过大，因此对有较大振动荷载或可能产生不均匀沉降的房屋，应采用钢筋混凝土过梁。钢筋混凝土过梁端部支承长度不宜小于 240mm。

砖砌过梁一般适用于小型无不均匀沉降的非地震区的建筑物，过梁跨度、砖砌平拱不超过 1.2m，钢筋砖过梁不超过 1.5m。砖砌过梁的构造要求应符合下列规定。

(1)　砖砌过梁截面计算高度内的砂浆不宜低于 M5。

(2)　砖砌平拱用竖砖砌筑部分的高度不应小于 240mm。

(3)　钢筋砖过梁底面砂浆层处的钢筋，其直径不应小于 5mm，间距不宜大于 120mm，钢筋伸入支座砌体内的长度不宜小于 240mm，砂浆层的厚度不宜小于 30mm。

4.1.2　过梁上的荷载

过梁上的荷载有两种：一种是仅承受墙体荷载，另一种是除承受墙体荷载外，还承受其上梁板传来的荷载。

试验表明，如过梁上的砌体采用水泥混合砂浆砌筑，当砖砌体的砌筑高度接近跨度的一半时，跨中挠度的增加明显减小。此时，过梁上砌体的当量荷载相当于高度等于 1/3 跨度时的墙体自重。这是由于砌体砂浆随时间增长而逐渐硬化，参加工作的砌体高度不断增加，使砌体的组合作用不断增强。当过梁上墙体有足够高度时，施加在过梁上的竖向荷载将通过墙体内的拱作用直接传给支座。因此，过梁上的墙体荷载应如下取用。

(1)　对砖砌体，当过梁上的墙体高度 $h_w < l_n/3$ 时，应按墙体的均布自重采用，如图 4.2(a) 所示，其中 l_n 为过梁的净跨。当墙体高度 $h_w \geq l_n/3$ 时，应按高度为 $l_n/3$ 墙体的均布自重采用，如图 4.2(c) 所示。

(2)　对混凝土砌块砌体，当过梁上的墙体高度 $h_w < l_n/2$ 时，应按墙体的均布自重采用，如图 4.2(b) 所示。当墙体高度 $h_w \geq l_n/2$ 时，应按高度为 $l_n/2$ 墙体的均布自重采用，如图 4.2(d) 所示。

对梁板传来的荷载，试验结果表明，当在砌体高度等于跨度的 0.8 倍左右的位置施加外荷载时，过梁的挠度变化已很微小。因此可认为，在高度等于跨度的位置上施加外荷载时，荷载将全部通过拱作用传递，而不由过梁承受。对过梁上部梁、板传来的荷载，《规范》规定：对砖和小型砌块砌体，当梁、板下的墙体高度 $h_w < l_n$ 时，应计入梁、板传来的荷载。

当梁、板下的墙体高度 $h_w \geq l_n$ 时，可不考虑梁、板荷载。

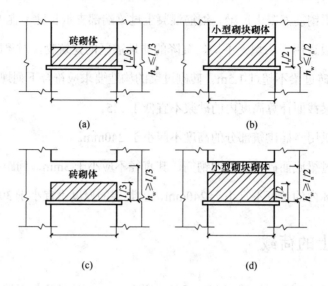

图 4.2　过梁上的墙体荷载

4.1.3　过梁的计算

钢筋砖过梁的工作机理类似于带拉杆的三铰拱，有两种可能的破坏形式：正截面受弯破坏和斜截面受剪破坏。当过梁受拉区的拉应力超过砖砌体的抗拉强度时，则在跨中受拉区会出现垂直裂缝；当支座处斜截面的主拉应力超过砖砌体沿齿缝的抗拉强度时，在靠近支座处会出现斜裂缝，在砌体材料中表现为阶梯形斜裂缝，如图 4.3(a)所示。

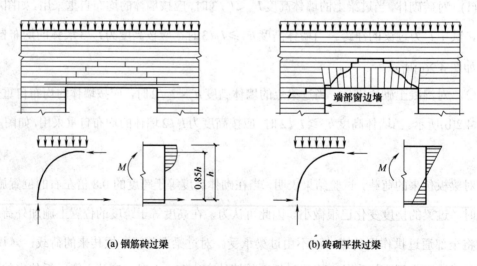

(a) 钢筋砖过梁　　　　　　　　(b) 砖砌平拱过梁

图 4.3　过梁的破坏形式

　　砖砌平拱过梁的工作机理类似于三铰拱，除可能发生受弯破坏和受剪破坏以外，在跨中开裂后，还会产生水平推力。此水平推力由两端支座处的墙体承受。当此墙体的灰缝抗剪强度不足时，会发生支座滑动而破坏，这种破坏易发生在房屋端部的门窗洞口处墙体上，如图 4.3(b)所示。

　　由过梁的破坏形式可知，应对过梁进行受弯、受剪承载力验算。对砖砌平拱还应按其水平推力验算端部墙体的水平受剪承载力。

1．砖砌平拱过梁的承载力计算

　　砖砌平拱过梁按受弯构件计算，分别进行跨中正截面受弯承载力和支座截面受剪承载力计算。

　　正截面受弯承载力可按下式计算：

$$M \leqslant f_{tm}W \tag{4.1}$$

式中：　M——按简支梁并取净跨计算的跨中弯矩设计值；

　　　　f_{tm}——沿齿缝截面的弯曲抗拉强度设计值；

　　　　W——截面模量。

　　过梁的截面计算高度取过梁底面以上的墙体高度，但不大于 $l_n/3$。砖砌平拱中由于存在支座水平推力，过梁垂直裂缝的发展得以延缓，受弯承载力得以提高。因此，公式(4.1)的 f_{tm} 取沿齿缝截面的弯曲抗拉强度设计值。

　　斜截面受剪承载力可按下式计算：

$$V \leqslant f_v bz \tag{4.2}$$

$$z = \frac{I}{S} \tag{4.3}$$

式中：V——剪力设计值；

　　　　f_v——砌体的抗剪强度设计值；

　　　　b——截面宽度；

　　　　z——内力臂，当截面为矩形时取 z 等于 $2h/3$；

　　　　I——截面惯性矩；

　　　　S——截面面积矩；

　　　　h——截面高度。

一般情况下，砖砌平拱的承载力主要由受弯承载力控制。

2. 钢筋砖过梁的承载力计算

正截面受弯承载力可按下式计算：

$$M \leqslant 0.85 h_0 f_y A_s \tag{4.4}$$

式中： M ——按简支梁并取净跨计算的跨中弯矩设计值；

f_y ——钢筋的抗拉强度设计值；

A_s ——受拉钢筋的截面面积；

h_0 ——过梁截面的有效高度， $h_0 = h - a_s$ ；

a_s ——受拉钢筋重心至截面下边缘的距离；

h ——过梁的截面计算高度，取过梁底面以上的墙体高度，但不大于 $l_n /3$ ；当考虑梁、

板传来的荷载时，则按梁、板下的高度采用。

钢筋砖过梁的受剪承载力计算与砖砌平拱过梁相同。

3. 钢筋混凝土过梁的承载力计算

钢筋混凝土过梁的承载力应按钢筋混凝土受弯构件计算。过梁的弯矩按简支梁计算，计算跨度取 $(l_n + a)$ 和 $1.05 l_n$ 二者中的较小值，其中 a 为过梁在支座上的支承长度。在验算过梁下砌体局部受压承载力时，可不考虑上部荷载的影响，即取 $\psi = 0$ 。由于过梁与其上砌体共同工作，构成刚度很大的组合深梁，其变形非常小，故其有效支承长度可取过梁的实际支承长度，并取应力图形完整系数 $\eta = 1$ 。

砌有一定高度墙体的钢筋混凝土过梁按受弯构件计算严格地说是不合理的。试验表明过梁也是偏拉构件。过梁与墙梁并无明确分界定义，主要差别在于过梁支承于平行的墙体上，且支承长度较长；一般跨度较小，承受的梁、板荷载较小。当过梁跨度较大或承受较大梁、板荷载时，应按墙梁设计。

4.2 挑梁的设计

在混合结构房屋中，因使用和建筑艺术的要求，往往将钢筋混凝土的梁或板悬挑在墙体外面，形成屋面挑檐、凸阳台、雨篷和悬挑楼梯、悬挑外廊等。这种一端嵌入砌体墙体

内，一端挑出的梁或板，称为悬挑构件，简称挑梁。当埋入墙内的长度较大且梁相对于砌体的刚度较小时，梁发生明显的挠曲变形，将这种挑梁称为弹性挑梁，如阳台挑梁，外廊挑梁等；当埋入墙内的长度较短，埋入墙内的梁相对于砌体刚度较大，挠曲变形很小，主要发生刚体转动变形时，将这种挑梁称为刚性挑梁。嵌入砖墙内的悬臂雨篷梁属于刚性挑梁。

4.2.1　挑梁的受力特点与破坏形态

埋置于墙体中的挑梁是与砌体共同工作的，其在墙体上的均布荷载 P 和挑梁端部集中力 F 作用下经历了弹性、带裂缝工作和破坏等三个受力阶段。有限元分析及弹性地基梁理论分析都表明，在 F 作用下挑梁与墙体的上、下界面竖向正应力 σ_y 的分布如图 4.4(a)所示。此应力应与 P 作用下产生的竖向正应力 σ_0 叠加。由于挑梁以上墙体的前部和挑梁以下墙体的后部竖向受拉，当加荷至 $0.2\sim0.3 F_u$ 时(F_u 为挑梁破坏荷载)，将在挑梁以上墙体出现水平裂缝，随后在挑梁以下墙体出现水平裂缝，如图 4.4(b)所示。挑梁带有水平裂缝工作到 $0.8 F_u$ 时，在挑梁尾端的墙体中将出现阶梯形斜裂缝，其与竖向轴线的夹角 α 较大。水平裂缝不断向外延伸，挑梁下砌体受压面积逐渐减少，压应力不断增大，将可能出现局部受压裂缝。而混凝土挑梁在 F 作用下将在墙边稍靠里的部位出现竖向裂缝，在墙边靠外的部位出现斜裂缝。

挑梁可能发生下列三种破坏形态。

(1) 挑梁倾覆破坏(见图 4.4(c))。当挑梁埋入端的砌体强度较高且埋入段长度 l_1 较短，则可能在挑梁尾端处的砌体中产生阶梯形斜裂缝。如挑梁砌入端斜裂缝范围内的砌体及其他上部荷载不足以抵抗挑梁的倾覆力矩，此斜裂缝将继续发展，直至挑梁产生倾覆破坏。发生倾覆破坏时，挑梁绕其下表面与砌体外缘交点处稍向内移的一点 O 转动。

(2) 挑梁下砌体局部受压破坏(见图 4.4(d))。当挑梁埋入端的砌体强度较低且埋入段长度 l_1 较长，在斜裂缝发展的同时，下界面的水平裂缝也在延伸，使挑梁下砌体受压区的长度减小、砌体压应力增大。若压应力超过砌体的局部抗压强度，则挑梁下的砌体将发生局部受压破坏。

(3) 挑梁弯曲破坏或剪切破坏。挑梁由于正截面受弯承载力或斜截面受剪承载力不足引起弯曲破坏或剪切破坏。

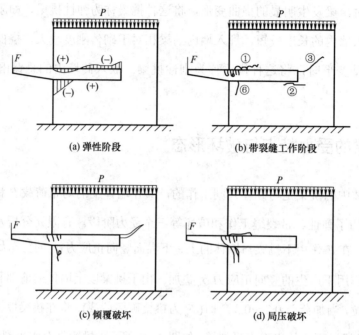

(a) 弹性阶段   (b) 带裂缝工作阶段

(c) 倾覆破坏   (d) 局压破坏

图 4.4　挑梁的破坏形态

4.2.2　挑梁的承载力验算

　　悬挑的钢筋混凝土构件本身的承载力，应按《混凝土结构设计规范》的规定进行计算，这里重点讨论挑梁的抗倾覆验算(见图 4.5)和挑梁下砌体的局部受压承载力的计算以及有关构造要求。

1. 抗倾覆验算

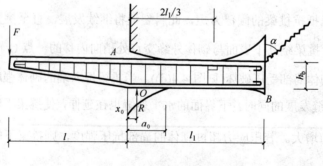

图 4.5　挑梁倾覆破坏示意图

　　假设计算倾覆点 O 距墙外边缘的距离为 x_0，砌体墙中钢筋混凝土挑梁的抗倾覆应按下式验算：

$$M_{\text{ov}} \leqslant M_{\text{r}} \tag{4.5}$$

式中：M_{ov}——挑梁的荷载设计值对计算倾覆点产生的倾覆力矩；

　　　M_{r}——挑梁的抗倾覆力矩设计值。

挑梁计算倾覆点至墙外边缘的距离可按下列规定采用：

当 $l_1 \geqslant 2.2h_{\text{b}}$ 时，

$$x_0 = 0.3h_{\text{b}} \tag{4.6}$$

且不大于 $0.13l_1$。

当 $l_1 < 2.2h_{\text{b}}$ 时，

$$x_0 = 0.13l_1 \tag{4.7}$$

式中：l_1——挑梁埋入砌体墙中的长度(mm)；

　　　x_0——计算倾覆点至墙外边缘的距离(mm)；

　　　h_{b}——挑梁的截面高度(mm)。

当挑梁下有构造柱时，计算倾覆点到墙外边缘的距离可取 $0.5x_0$。

挑梁的抗倾覆力矩设计值可按下式计算：

$$M_{\text{r}} = 0.8G_{\text{r}}(l_2 - x_0) \tag{4.8}$$

式中：G_{r}——挑梁的抗倾覆荷载，为挑梁尾端上部 45° 扩散角的阴影范围(其水平长

　　　　　　度为 l_3)内本层的砌体与楼面恒荷载标准值之和，如图 4.6 所示；

　　　l_2——G_{r} 的作用点至墙外边缘的距离。

在确定挑梁的抗倾覆荷载 G_{r} 时，应注意以下两点。

(1) 当墙体无洞口时，若 $l_3 > l_1$，则 G_{r} 中不应计入尾端部 $(l_3 - l_1)$ 范围内的本层砌体和楼面恒载，如图 4.6(b)所示。

(2) 当墙体有洞口时，若洞口内边至挑梁尾端的距离 $\geqslant 370$mm，则 G_{r} 的取法与上述相同(应扣除洞口墙体自重)，如图 4.6(c)所示；否则只能考虑墙外边至洞口外边范围内本层的砌体与楼面恒载，如图 4.6(d)所示。

2. 挑梁下砌体的局部受压承载力验算

挑梁下砌体的局部受压承载力，可按下式验算：

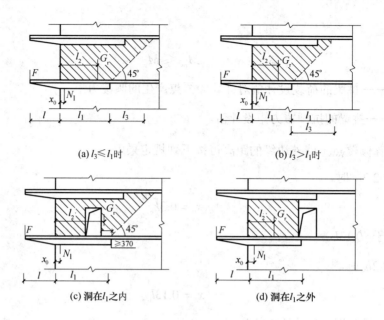

(a) $l_3 \leqslant l_1$时   (b) $l_3 > l_1$时

(c) 洞在l_1之内   (d) 洞在l_1之外

图 4.6　挑梁的抗倾覆荷载 G_r 的取值范围

$$N_l \leqslant \eta \gamma f A_l \tag{4.9}$$

式中：N_l——挑梁下的支承压力，可取 $N_l = 2R$，R 为挑梁的倾覆荷载设计值；

　　　η——梁端底面压应力图形的完整系数，可取 0.7；

　　　γ——砌体局部抗压强度提高系数，对图 4.7(a)可取 1.25；对图 4.7(b)可取 1.5；

　　　A_l——挑梁下砌体局部受压面积，可取 $A_l = 1.2bh_b$，b 为挑梁的截面宽度，h_b 为挑梁的截面高度。

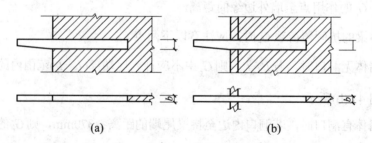

(a)   (b)

图 4.7　挑梁下砌体局部受压

挑梁下设构造柱或挑梁与圈梁整浇时，可不验算局部受压承载力。

3. 挑梁的构造要求

挑梁的设计除应符合现行混凝土结构设计规范以外，尚应满足下列要求。

(1) 纵向受力钢筋至少应有 1/2 的钢筋面积伸入梁尾端，且不少于 $2\phi12$。其余钢筋伸入支座的长度不应小于 $2l_1/3$。

(2) 挑梁埋入砌体长度 l_1 与挑出长度 l 之比宜大于 1.2；当挑梁上无砌体时，l_1 与 l 之比宜大于 2。

(3) 施工阶段悬挑构件的抗倾覆问题，应由施工单位按实际施工荷载进行验算，必要时可加设临时支撑。

4.3　雨篷的设计

在住宅和公共建筑主要入口处，雨篷作为遮挡雨雪的构件，其设计与建筑类型、风格、体量有关。常见的雨篷由雨篷板和雨篷梁两部分组成。

雨篷板按悬挑板设计。受力钢筋布于板的上部，钢筋伸入雨篷梁的长度应满足受拉钢筋的锚固要求。施工时切忌将板的上部受力钢筋踩塌，否则会造成事故。

雨篷梁除支承雨篷板外，还兼有过梁的作用，内力有弯矩、剪力、扭矩，按简支梁计算。

对于雨篷、悬挑楼梯等这类垂直于墙段挑出的构件，在挑出部分的荷载作用下，挑出边的墙面受压，另一边墙面受拉。随着荷载的增大，中和轴向受压一边移动。加荷至 $0.5\sim0.6F_\mathrm{U}$ 时，在雨篷梁支座处砌体中出现水平裂缝，并沿水平方向平缓地延伸，有时形成阶梯形斜裂缝上升或下降。加荷至 F_U 时，将发生突然性的倾覆破坏。当然，也可能发生雨篷梁支座下砌体局部受压破坏、雨篷板的弯曲破坏或雨篷梁在弯矩、剪力、扭矩联合作用下的破坏。但倾覆破坏更易发生，且更加危险。

雨篷梁埋置于墙体内的长度 l_1 较小，一般 $l_1<2.2h_\mathrm{b}$，属于刚性挑梁，在墙边的弯矩和剪力作用下，绕计算倾覆点 O 发生刚体转动。

雨篷梁等悬挑构件抗倾覆验算可按式(4.5)进行，其抗倾覆荷载 G_r 可按图 4.8 采用，图中 G_r 距墙外边缘的距离为 $l_2=l_1/2$，$l_3=l_n/2$。

雨篷板的受弯承载力和雨篷梁的受弯、受扭、受剪承载力按钢筋混凝土构件有关设计规定进行计算，此处从略。

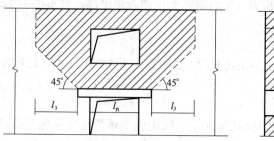
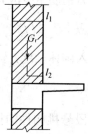

图 4.8　雨篷的抗倾覆荷载

课程实训

思考题

1. 过梁有几种？过梁上的荷载如何考虑？

2. 挑梁有什么构造要求？

3. 分析雨篷梁的受力特点？

习题

1. 已知过梁净跨 $l_n=3.3$m，过梁上墙体高度为 1.0m，墙厚为 240mm，承受梁、板荷载 12kN/m(其中活荷载 5 kN/m)。墙体采用 MU10 黏土砖，M 7.5 混合砂浆，过梁混凝土强度等级 C20，纵筋为 HRB335 级钢筋，箍筋为 HPB300 级钢筋。试设计该混凝土过梁。

2. 一承托阳台的钢筋混凝土挑梁埋置于 T 形截面墙段，如图 4.9 所示，挑出长度 $l=1.8$m，埋入长度 $l_1=2.2$m；挑梁截面 $b=240$mm，$h_b=350$mm，挑出端截面高度为 150mm；挑梁墙体净高 2.8m，墙厚 $h=240$mm；采用 MU10 烧结多孔砖、M5 混合砂浆；荷载标准值：$F_k=6$ kN，$g_{1k}=g_{2k}=17.75$ kN/m，$q_{1k}=8.25$ kN/m，$q_{2k}=4.95$ kN/m。挑梁采用 C20 混凝土，纵筋为 HRB335 级钢筋，箍筋为 HPB300 级钢筋；挑梁自重：挑出段为 1.725 kN/m，埋入段为 2.31 kN/m；试设计此挑梁。

3. 入口处钢筋混凝土雨篷的尺寸如图 4.10 所示。雨篷板上均布恒荷载标准值 2.4 kN/m², 均布活荷载标准值 0.8kN/m²，集中荷载标准值 1.0kN。雨篷的净跨度(门洞宽)为 2.0m，梁两端伸入墙内各 500mm。雨篷板采用 C20 混凝土、HPB235 级钢筋，试设计该雨篷。

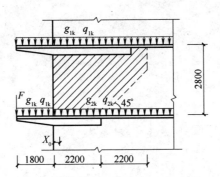

图 4.9 T 形截面墙段

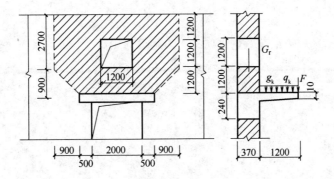

图 4.10 雨篷

第5章　引入项目分析解答

【教学目标】

掌握砌体结构设计的全过程。

【技能要求】

能设计简单的砌体结构。

【引导案例】

本章将介绍项目引入整个项目中的完成过程。

5.1 结 构 选 型

首先进行结构选型，包括墙体材料确定、承重墙楼盖选择、结构承重体系确定。

5.1.1 墙体材料确定

材料的确定受到结构使用要求、使用环境、结构受力特点等因素的影响。在本项目中根据使用环境等因素，块材选用多孔砖，强度取用 MU10，在±0.000 以上砂浆采用混合砂浆，在±0.000 以下砂浆采用水泥砂浆，强度选用 M5。

5.1.2 结构承重体系确定

多层砖混房屋应优先采用横墙承重的结构布置方案，其次采用纵横墙混合承重方案。不论采用何种方案，考虑沿房屋纵向地震作用主要由纵墙承担，沿房屋横向地震作用主要由横墙承担的原则，纵横墙应均匀对称布置，同一轴线上窗间墙应等宽匀称，同时应尽可能使墙体沿平面对齐，沿竖向上下连续。墙体的贯通对齐能使各片墙形成相当房屋全宽的竖向整体构件，可是房屋得到最大的整体抗弯能力，使地震作用传递直接，减轻震害。本项目中因是门诊楼，各房间功能不同，开间各异，所以采用纵横墙混合承重方案。

最大横墙间距 $s = 7.2\text{m} < 32\text{m}$，且横墙满足刚性方案的要求，所以属刚性方案。

5.1.3 承重楼盖选择

楼盖按施工方法分为现浇整体式、预制装配式和装配整体式三种。现浇整体式楼盖的整体性好、刚度大，抗震性能强，抗渗性好，但施工工期长；预制装配式楼盖施工进度快，单个构件质量好，节约劳力，但结构的整体性和刚度较差，抗震尤其不利；装配整体式楼盖部分构件预制，后期现场现浇将构件连成整体，其整体性和刚度比预制式好，又比整体现浇式节省模板。在本项目中根据实际情况选用现浇整体式楼盖。

5.2　构 造 要 求

构造要求包括构造柱布置、圈梁布置等一般构造说明与设置。

砌体结构设计中构造措施是很重要的方面。因为抗震设计采用的是概念设计，在很大程度上还是一种经验设计，尤其是砌体结构，仅计算房屋总体抗侧能力及局部墙段的抗剪强度，并不能保证砌体房屋在地震时的安全，还需遵守抗震设计的总原则，进行抗震构造设计。抗震构造措施尤其重要。

抗震构造措施是从实际震害中总结出来的成功经验，并通过地震模拟试验归纳总结的。在砌体结构中保证大震不倒要设置构造柱和圈梁。

5.2.1　构造柱布置

本工程为八度设防的三层砖混结构房屋，根据抗震规范要求，应在外墙各角、大房屋内外墙交接处、楼梯间四角布置构造柱。具体布置见图 5.1。构造柱尺寸为 240mm×240mm，混凝土采用 C20 纵向钢筋采用 $4\phi12$，箍筋 $\phi6@200$，且在圈梁上下 500mm 高度范围内箍筋加密为 $\phi6@100$。构造柱和墙的连接砌成马牙槎，并沿墙高每 500mm 设 $2\phi6$ 的拉接钢筋，每边伸入墙内不少于 1m。

5.2.2　圈梁布置

本工程采用现浇钢筋混凝土板，并与墙可靠连接，所以可不设圈梁，但与构造柱对应部位的墙体上楼板内应配置 $4\phi12$ 的加强钢筋，且穿过构造柱内钢筋。

5.3　确定房屋的静力计算方案进行荷载计算、内力分析

5.3.1　静力计算方案确定

最大横墙间距 $s = 7.2\text{m} < 32\text{m}$，且横墙满足刚性方案的要求，所以属刚性方案。设计过程中，在水平荷载作用下墙体计算简图可视为连续梁，在竖向荷载作用下每层视为一个简

支梁。

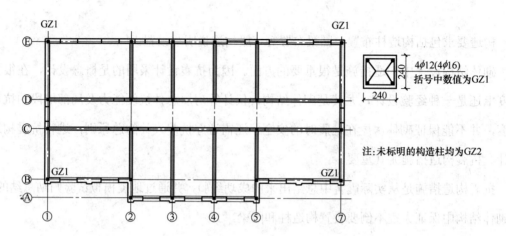

图 5.1   构造柱平面布置图及构造柱截面图

5.3.2   荷载计算

1. 屋面荷载

SBS 防水层两道	$0.3kN/m^2$
30mm 厚细石混凝土找平层	$24×0.03=0.72kN/m^2$
200mm 厚水泥珍珠岩制品保温，上铺憎水珍珠岩砂浆找坡 2%(平均厚 350mm)	
	$4×0.35=1.4kN/m^2$
100mm 厚现浇钢筋混凝土板	$25×0.1=2.5kN/m^2$

屋面荷载标准值	$4.92kN/m^2$
屋面活荷载标准值(不上人屋面)	$0.50kN/m^2$

2. 楼面荷载

水磨石面层	$0.65kN/m^2$
50mm 厚陶粒混凝土垫层	$19.5×0.05=0.98kN/m^2$
100mm 厚现浇钢筋混凝土板	$25×0.10=2.5kN/m^2$

楼面恒荷载标准值	$4.13kN/m^2$
病房楼面活荷载标准值	$2.00kN/m^2$
走道、楼梯间楼面活荷载标准值	$2.50kN/m^2$

3. 墙体自重

240mm 厚双面粉刷多孔砖墙自重标准值	$5.24kN/m^2$
370mm 厚一面面砖一面粉刷多孔砖墙自重标准值	$7.90kN/m^2$

4. 门窗自重

门窗自重标准值	$0.40kN/m^2$

5.3.3 内力计算

不同位置的墙片在竖向荷载作用下的轴力不同,所以内力计算放在墙体承载力计算中。水平荷载包括风荷载和地震荷载,因本算例为刚性计算方案,基本风压 $0.5kN/m^2$,且外墙洞口水平截面面积小于外墙全截面面积的 2/3、层高 3.3m<4m、总高小于 24m、屋面自重 $4.92kN/m^2>0.8kN/m^2$,所以可不考虑风荷载的作用。又在本例中仅分析结构静力计算,所以本例中不分析水平地震荷载作用下的内力。

5.4 结 构 计 算

结构计算包括墙身高厚比验算、墙体承载力计算和局部受压验算。

5.4.1 高厚比验算

室内地面到基础顶面的高度为 0.45m+0.5m=0.95m,故底层墙高 H_1=4.25m,其他层墙高取 H=3.3m。

结构静力计算为刚性计算方案,横墙间距 $H \leqslant s \leqslant 2H$,所以 $H_0 = 0.4s + 0.2H$。

在本设计中,所有墙片中,底层墙片高度比其他层墙片高;所有外墙中①-②轴与 E 轴之间的外纵墙横向支承距离最大(即横墙间距最大);所有内墙中①-②轴与 D 轴之间的内纵墙的横向支承距离最大,所以只要底层①-②轴与 E 轴的外纵墙和①-②轴与 D 轴之间的内纵墙满足高厚比要求，其他各墙片就都满足高厚比的要求，所以在高厚比验算中，只进行这两片墙的验算。

(1) ①-②轴与 E 轴之间的外纵墙高厚比验算，计算简图见图 5.2。

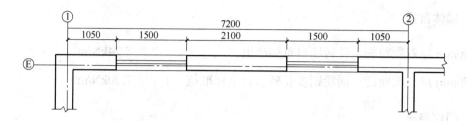

图 5.2　①-②轴与 E 轴之间的外纵墙高厚比验算计算简图

墙厚 h=370mm，横墙间距 s=7.2m，墙高 H=4.25m

$$H_0 = 0.4s + 0.2H = 0.4 \times 7.2 + 0.2 \times 4.25 = 3.73\text{m}$$

$$\beta = \frac{H_0}{h} = \frac{3730}{370} = 10.08$$

承重墙 $\mu_1 = 1$；$b_s = 3000\text{mm}$，$s = 7200\text{mm}$，$\mu_2 = 1 - 0.4b_s/s = 1 - 0.4 \times \dfrac{3000}{7200} = 0.833$，

采用 MU10 多孔砖，M5 混合砂浆，由表知 $[\beta] = 24$，所以 $\mu_1\mu_2[\beta] = 1 \times 0.833 \times 24 = 20$。

$\beta < \mu_1\mu_2[\beta]$，该墙片高厚比满足要求。

(2) ①-②轴与 D 轴之间的内纵墙高厚比验算计算简图见图 5.3。

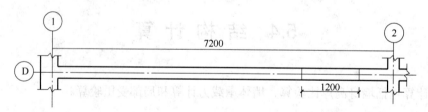

图 5.3　①-②轴与 D 轴之间的内纵墙高厚比验算计算简图

墙厚 h=240mm，横墙间距 s=7.2m，墙高 H=4.25m

$$H_0 = 0.4s + 0.2H = 0.4 \times 7.2 + 0.2 \times 4.25 = 3.73\text{m}$$

$$\beta = \frac{H_0}{h} = \frac{3730}{240} = 15.54$$

承重墙 $\mu_1 = 1$；$b_s = 1200\text{mm}$，$s = 7200\text{mm}$，$\mu_2 = 1 - 0.4b_s/s = 1 - 0.4 \times \dfrac{1200}{7200} = 0.933$，采

用 MU10 多孔砖，M5 混合砂浆，由表知 $[\beta] = 24$，所以 $\mu_1\mu_2[\beta] = 1 \times 0.933 \times 24 = 22.4$。

$\beta < \mu_1\mu_2[\beta]$ ，该墙片高厚比满足要求。

5.4.2　墙体承载力计算

本工程外墙为 370mm，内墙为 240mm，在大房间窗间墙上布置有楼面梁，截面尺寸为 $h \geqslant \dfrac{1}{12}l_0 = \dfrac{1}{12} \times 4800 = 400\text{mm}$ ，所以取 $h = 450\text{mm}$ 。 $b = \left(\dfrac{1}{2} \sim \dfrac{1}{3}\right)h = \left(\dfrac{1}{2} \sim \dfrac{1}{3}\right) \times 450\text{mm} = 225 \sim 150\text{mm}$ ，取 $b = 200\text{mm}$ 。

梁重为：

$25 \times 0.2 \times (0.45 - 0.1)\text{kN/m} = 1.75\text{kN/m}$ 。

分析该工程可知，如果底层外墙大房间窗间墙能满足承载力要求，则其他各墙都可满足，所以取底层 E 轴大房间窗间墙进行验算，即①-②轴与 E 轴之间的窗间墙。竖向荷载作用下刚性计算方案，各层墙体可分别作为简支梁考虑。

外荷载引起的轴力：

梁上负担有双向现浇板，所以底层窗间墙承受的轴力设计值为

由可变荷载起控制作用时：

$N = \{[(4.92 \times 1.2 + 0.5 \times 1.4) + (4.13 \times 1.2 + 2 \times 1.4 \times 0.85) \times 2] \times (3.6 \times 2.4) + 7.9 \times [(3.6 \times 11.1) - 1.5 \times 1.8 \times 3] \times 1.2 + 1.5 \times 1.8 \times 0.4 \times 3 \times 1.2 + 1.75 \times (4.82/2) \times 3 \times 1.2\} = 500\text{kN}$ 。

由永久荷载起控制作用时：

$N = \{[(4.92 \times 1.35 + 0.5 \times 1.4 \times 0.7) + (4.13 \times 1.35 + 2 \times 1.4 \times 0.85 \times 0.7) \times 2] \times (3.6 \times 2.4) + 7.9 \times [(3.6 \times 11.1) - 1.5 \times 1.8 \times 3] \times 1.35 + 1.5 \times 1.8 \times 0.4 \times 3 \times 1.35 + 1.75 \times (4.82/2) \times 3 \times 1.35\} = 548\text{kN}$ 。

所以窗间墙上的轴力设计值取为 548kN。

在上式的计算中，楼面活荷载考虑了 0.85 的折减系数。

取窗间墙墙底处截面进行验算，承载面积为 $A = 2.1 \times 0.37 = 0.777\text{m}^2$ ，采用 MU10 多孔砖，M5 混合砂浆砌筑，所以 $f = 1.50\text{MPa}$ ， $\gamma_\beta = 1.0$ ， $\beta = \gamma_\beta \dfrac{H_0}{h} = 1.0 \times \dfrac{3.73}{0.37} = 10.08$ ，墙底处 $e/h = 0$ ，查表知 $\varphi = 0.868$ ，所以 $[N] = \varphi f A = 0.868 \times 1.5 \times 0.777 \times 10^6 = 1011.6\text{kN} > N = 548\text{kN}$ ，该墙片承载力满足要求。

5.4.3 局部受压承载力验算

梁在墙上的支承长度为 $a = 240\text{mm}$ 。

1. 屋面梁端部局部受压验算

梁端受荷面积及受力图如图 5.4 所示，由荷载设计值产生的梁端压力为：

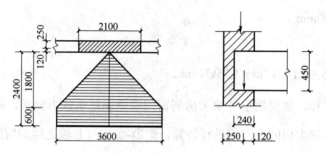

图 5.4 屋面梁端部局部受压计算简图

$$N_l = \left[(1.2 \times 4.92 + 1.4 \times 0.5) \times (0.6 + 2.4) \times 1.8 + 1.75 \times 2.4\right]\text{kN} = 39.86\text{kN}$$

上部女儿墙传来作用在梁底窗间墙截面上的应力值为：

$$\sigma_0 = \frac{1.2 \times 5.24 \times 1.2 \times 3.6}{2.1 \times 0.37}\text{kN/m}^2 = 5.83\text{kN/m}^2$$

$$a_0 = 10\sqrt{\frac{h_c}{f}} = 10\sqrt{\frac{450}{1.5}} = 173.2\text{mm} < a = 240\text{mm} \text{ , 取 } a_0 = 173.2\text{mm} \text{ , } A_l = a_0 b = 173.2 \times$$

$200\text{mm}^2 = 34640\text{mm}^2$, $A_0 = (b + 2h)h = (200 + 2 \times 370) \times 370\text{mm}^2 = 347800\text{mm}^2$, $\gamma = 1 +$

$0.5\sqrt{\dfrac{A_0}{A_l} - 1} = 1 + 0.5 \times \sqrt{\dfrac{347800}{34640} - 1} = 2.05 > 2$,取 $\gamma = 2.0$,因 $A_0 / A_l = 10 > 3$,所以 $\psi = 0$,又 $\eta = 0.7$,

$[N] = \eta\gamma f A_l = 0.7 \times 2 \times 1.5 \times 10^6 \times 34640 \times 10^{-6} = 72744\text{N} = 72.746\text{kN} > \psi N_0 + N_l = 39.86\text{kN}$ 。

所以，局部受压满足要求。

2. 楼面梁端局部受压验算

计算方法同上，结果满足要求。

3. 软件计算

与手算结果进行分析比对。

课程实训

某 6 层砖混结构教学楼，其平面和剖面图如图 5.5 所示。外墙厚 490mm，内墙厚均为 240mm，墙体拟采用 MU10 实心砖，1～3 层采用 M10 混合砂浆砌筑，4～6 层采用 M7.5 混合砂浆砌筑，墙面及梁侧抹灰均为 20mm，楼板做法为楼面活荷载标准值为 2 kN/m²，屋面活荷载为 0.5 kN/m²，基本风压 0.45 kN/m² 试对该砌体结构进行设计。(包括荷载计算、高厚比验算、强度计算、局压验算等。)

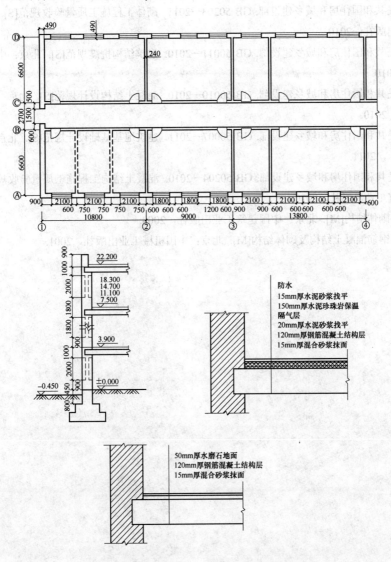

图 5.5　教学楼平面图、剖面图及建筑构造图

参 考 文 献

[1] 中华人民共和国住房和城乡建设部. GB 50068—2001. 建筑结构可靠度设计统一标准[S]. 北京：中国建筑工业出版社，2010.

[2] 中华人民共和国住房和城乡建设部. GB 50009—2012. 建筑结构荷载规范[S]. 北京：中国建筑工业出版社，2011.

[3] 中华人民共和国住房和城乡建设部. GB 50003—2011. 砌体结构设计规范[S]. 北京：中国建筑工业出版社，2010.

[4] 中华人民共和国住房和城乡建设部. GB 50203—2011. 砌体工程施工质量验收规范[S]. 北京：中国建筑工业出版社，2010.

[5] 中华人民共和国住房和城乡建设部. GB 50011—2010. 建筑结构抗震规范[S]. 北京：中国建筑工业出版社，2010.

[6] 中华人民共和国住房和城乡建设部. GB 50010—2010. 混凝土结构设计规范[S]. 北京：中国建筑工业出版社，2010.

[7] 中华人民共和国住房和城乡建设部. GB 50007—2011. 建筑地基基础设计规范[S]. 北京：中国建筑工业出版社，2011.

[8] 中华人民共和国住房和城乡建设部. GB 50204—2010. 混凝土结构工程施工质量验收规范[S]. 北京：中国建筑工业出版社，2010.

[9] 施楚贤. 砌体结构[M]. 北京：中国建筑工业出版社，2003.

[10] 汪霖祥. 钢筋混凝土结构及砌体结构[M]. 北京：中国机械工业出版社，2001.